Intensitätsmodulierte

Astrid Brendemühl

Intensitätsmodulierte Radiotherapie (IMRT)

Entwicklung und Einführung eines Qualtitätssicherungssystems

VDM Verlag Dr. Müller

Impressum/Imprint (nur für Deutschland/ only for Germany)
Bibliografische Information der Deutschen Nationalbibliothek: Die Deutsche Nationalbibliothek verzeichnet diese Publikation in der Deutschen Nationalbibliografie; detaillierte bibliografische Daten sind im Internet über http://dnb.d-nb.de abrufbar.

Coverbild: www.purestockx.com

Verlag: VDM Verlag Dr. Müller Aktiengesellschaft & Co. KG
Dudweiler Landstr. 99, 66123 Saarbrücken, Deutschland
Telefon +49 681 9100-698, Telefax +49 681 9100-988, Email: info@vdm-verlag.de

Herstellung in Deutschland:
Schaltungsdienst Lange o.H.G., Berlin
Books on Demand GmbH, Norderstedt
Reha GmbH, Saarbrücken
Amazon Distribution GmbH, Leipzig
ISBN: 978-3-639-18986-5

Imprint (only for USA, GB)
Bibliographic information published by the Deutsche Nationalbibliothek: The Deutsche Nationalbibliothek lists this publication in the Deutsche Nationalbibliografie; detailed bibliographic data are available in the Internet at http://dnb.d-nb.de .

Cover image: www.purestockx.com

Publisher:
VDM Verlag Dr. Müller Aktiengesellschaft & Co. KG
Dudweiler Landstr. 99, 66123 Saarbrücken, Germany
Phone +49 681 9100-698, Fax +49 681 9100-988, Email: info@vdm-publishing.com

Printed in the U.S.A.
Printed in the U.K. by (see last page)
ISBN: 978-3-639-18986-5

Inhaltsverzeichnis

1. EINLEITUNG 3

2. GRUNDLAGEN DER STRAHLENTHERAPIE 4

2.1. Atomare Wechselwirkungen ionisierender Strahlung 5
2.1.1. Photoeffekt 6
2.1.2. Comptoneffekt 6
2.1.3. Paarbildung 6

2.2. Dosis 7

2.3. Wechselwirkungen ionisierender Strahlung mit Materie 7

2.4. Teletherapie 9
2.4.1. Bestrahlungsplanung 10
2.4.2. Intensitätsmodulierte Radiotherapie (IMRT) 15

3. KONSTRUKTION EINES PROSTATAPHANTOMS 17

4. REGISTRIERUNG DER BILDDATEN 23

5. FILMKALIBRIERUNG 26

5.1. Kodak X-OMAT 27

5.2. Kodak EDR2 29

5.3. Tiefendosiskurven 30

6. BEWERTUNGSKRITERIEN 33

6.1. Mutual Information Index 33
6.1.1. Marginal Entropy 34
6.1.2. Joint Entropy 35
6.1.3. Mutual Information Index 35
6.1.4. Normalised Mutual Information Index 36

6.2. Profile 37
6.2.1. Dosisprofile 38
6.2.2. Relative Profile 38

6.3. Differenzverfahren 38

6.4. Abweichung 38

7. RICHTWERTERMITTLUNG 40

7.1. Mutual Information Index 40

7.2. Profile 44

7.3. Differenz 47

7.4. Abweichung 48

7.5. Interpretation der Messung 49

8. ANWENDUNG DER QUALITÄTSSICHERUNG 50

8.1. IMRT - Planung am idealisierten Patienten 50
8.1.1. Transversale Schicht Isozentrum 53
8.1.2. Interpretation der Messung 58

8.2. IMRT - Planung am realen Patienten 59
8.2.1. Transversale Ebene Isozentrum 62
8.2.2. Transversale Ebene Fußende 67
8.2.3. Transversale Ebene Kopfende 74
8.2.4. Interpretation der Messung 80

9. DISKUSSION UND AUSBLICK 81

LITERATURVERZEICHNIS 83

1. Einleitung

Die Strahlentherapie stellt in der Medizin eine Behandlungsmethode unter anderem gegen Krebserkrankungen dar.

Die Behandlung findet je nach Art des Tumors (Typing), dem Malignitätsgrad (Grading) und der Tumorausbreitung (Staging) mithilfe einer Operation, Chemotherapie (inkl. Hormontherapie) oder einer Strahlentherapie statt. Bei den meisten Patienten werden diese Behandlungsmethoden kombiniert.

Ist die Strahlentherapie Teil der Behandlung, wird anhand der vorliegenden Patientendaten (CT- Daten in Kombination mit MRT- oder PET-Daten) die Bestrahlung geplant und dem Patienten individuell angepasst, wobei Richtlinien in Bezug auf Dosisgrenzwerte unterschiedlicher Gewebearten zu berücksichtigen sind.

Liegt ein zu bestrahlendes Organ in direkter Nähe einer sehr dosisempfindlichen Region, muss bei der konventionellen Bestrahlung in einigen Fällen aus Rücksicht auf dieses Areal die Strahlendosis verringert werden. Dies kann den Erfolg der Therapie durchaus beeinträchtigen.

In solchen Fällen ist die so genannte Intensitätsmodulierte Radiotherapie (IMRT) ein deutlicher Fortschritt. Diese Bestrahlungstechnik ermöglicht, das Bestrahlungsfeld der Zielregion individuell anzupassen, um die umliegenden Risikoorgane zu schützen. Diese Bestrahlungsmethode könnte in manchen Fällen den Behandlungserfolg deutlich steigern und weniger Nebenwirkungen, wie z.B. Darmreizung bei der Prostatabestrahlung, nach sich ziehen.

Ziel dieser Diplomarbeit ist es, ein Qualitätssicherungssystem für die Gegebenheiten im Medizin Center Bonn zu entwickeln, die Bestrahlungstechnik auf ihre Qualitätsmerkmale zu prüfen und letztendlich, falls die Qualitätssicherung es zulässt, die IMRT einzuführen.

Ein Teil der Arbeit besteht darin, ein entsprechendes Messphantom zu konstruieren und damit die geplanten Bestrahlungsfelder auf ihre Richtigkeit zu überprüfen. Eine weitere Aufgabe ist die Entwicklung einer Software, die eine Registrierung der Film- und Planungsdaten ermöglicht und anschließend Qualitätskriterien ermittelt. Ein weiteres Ziel besteht darin, diese Kriterien zu klassifizieren und dementsprechend eine geplante Bestrahlung zulassen oder sie aufgrund zu starker Abweichungen verhindern.

2. Grundlagen der Strahlentherapie

Die Strahlentherapie wird häufig bei Tumorbehandlungen in Zusammenhang mit einer Operation wie auch in Kombination mit Chemotherapie angewandt.

Das Prinzip der Strahlentherapie beruht auf der unterschiedlichen Reaktion verschiedener Gewebe auf ionisierende Strahlung. Erkranktes Gewebe zeigt sich in Bezug auf Strahlung deutlich empfindlicher und kann sich im Gegensatz zu gesundem nach einer Strahlen - Applikation nur schwer regenerieren.

Ziel einer solchen Tumorbehandlung ist es, eine möglichst hohe Strahlendosis im erkrankten Gewebe zu applizieren, dabei aber das umliegende gesunde Gewebe nach Möglichkeit zu schonen. Hierbei sind Dosisgrenzwerte für gesundes Gewebe insbesondere aber für Risikoorgane zu beachten, die nicht überschritten werden sollten.

In der Strahlentherapie existieren verschiedene Bestrahlungstechniken, die je nach Lage und Größe des erkrankten Gewebes angewandt werden. Die am häufigsten durchgeführte Methode ist die so genannte Teletherapie, die mittels eines Linear- oder Kreisbeschleunigers durchgeführt wird. Dabei wird je nach Lage und Art des Tumors unterschiedliche Strahlung (Korpuskular- oder Photonenstrahlung) eingesetzt. Da die IMRT – Durchführung auf der Anwendung von Photonen basiert, wird in dieser Arbeit ausschließlich auf diese Strahlungsart eingegangen.

Eine weitere Behandlungsmethode ist die Brachytherapie, auf die in dieser Arbeit nicht im Einzelnen eingegangen wird.

2.1. Atomare Wechselwirkungen ionisierender Strahlung

Die in der Medizin eingesetzte ionisierende Strahlung (Photonen) weist Energien im Bereich von 10 keV bis 25 MeV auf.

Bei der Wechselwirkung zwischen γ-Strahlung und Gewebe kann es grundsätzlich zur teilweisen bzw. vollständigen Absorption und zur Streuung, d.h. einer Richtungsänderung der Photonen kommen. Diese Prozesse führen in der Regel zu freien, elektrisch geladenen Sekundärteilchen wie Elektronen oder Positronen, die wiederum ihrerseits die umliegende Materie anregen bzw. ionisieren und dabei Energie an das durchstrahlte Gewebe abgeben. Photonen können grundsätzlich einerseits mit der Atomhülle, als auch mit dem Atomkern wechselwirken. Die Rayleigh - Streuung, der Photoeffekt und der Comptoneffekt erfolgen jeweils in der Atomhülle, während die Paarbildung durch ein Kernfeld hervorgerufen wird. Die Wahrscheinlichkeit, mit welcher die bisher genannten Effekte auftreten, ist abhängig von der Photonenenergie, d.h. von der Wellenlänge. Je mehr Energie ein Photon aufweist, d.h. je geringer die Wellenlänge ist, desto wahrscheinlicher tritt die Paarbildung auf. Im niederenergetischen Bereich überwiegt der Photoeffekt. Der Comptoneffekt ist besonders relevant für die Anwendung der Strahlentherapie, da dieser im Energiebereich der Strahlentherapie überwiegt [1].

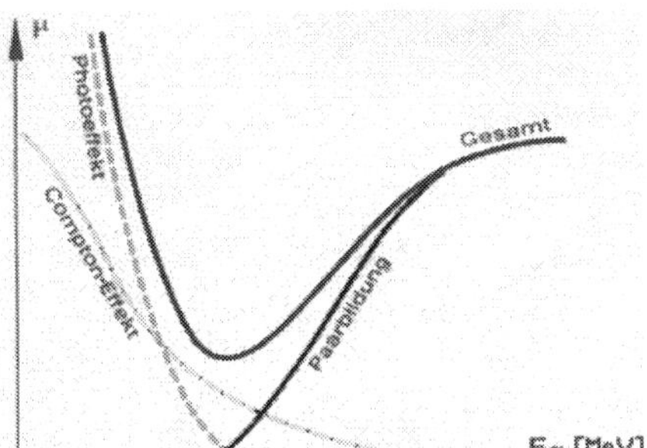

Abbildung 1: Häufigkeitsverteilung Paarbildung, Compton- und Photoeffekt [2]

2.1.1. Photoeffekt

Beim Photoeffekt handelt es sich um einen kernnahen Wechselwirkungsprozess. Das eintreffende Photon überträgt dabei seine Energie auf ein gebundenes Elektron, das die erhaltene Energie in Bewegungsenergie umsetzt und das Atom verlässt. Nach dem Herausschlagen des Elektrons rückt ein Elektron eines höheren Energieniveaus nach, wodurch Energie als Photon freigesetzt wird. Die freigesetzte Energie entspricht der Differenz der Energieniveaus. Damit der Photoeffekt überhaupt stattfinden kann, muss die Energie des eintreffenden Photons größer sein als die Bindungsenergie des Elektrons.

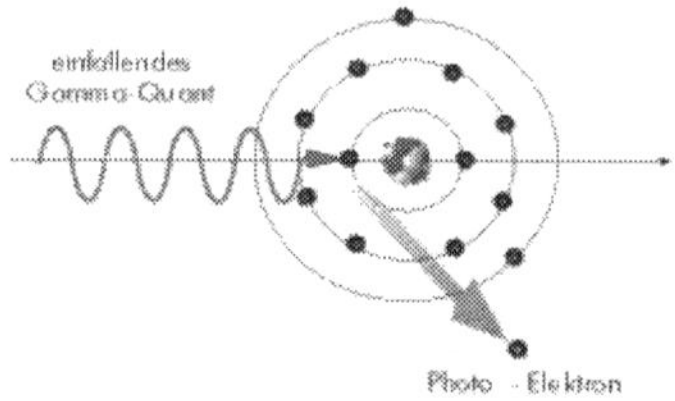

Abbildung 2: Schema Photoeffekt [3]

Die Rekombinationsstrahlung führt in der Strahlentherapie zu Streuanteilen, die zwar bei der Dosisberechnung eines Plans berücksichtigt werden, aber je nach Algorithmus Fehler bei der Dosisberechnung hervorrufen [1].

2.1.2. Comptoneffekt

Der Comptoneffekt findet im Gegensatz zum Photoeffekt in der äußeren Atomhülle statt. Dabei überträgt das Photon einen Teil seiner Energie und seines Impulses auf das quasi freie Elektron. Das Photon wird bei diesem Vorgang inelastisch gestreut [1].

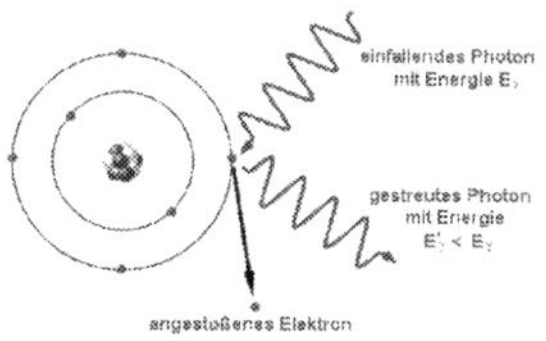

Abbildung 3: Schema Comptoneffekt [3]

2.1.3. Paarbildung

Aufgrund ihrer Charakteristik können Photonen auch mit elektrischen Feldern in Wechselwirkung treten. Entspricht dabei die Energie der Photonen mindestens der Masse zweier Elektronen ($E \geq 1022$ keV) nach der Masse-Energie-Äquivalenz, so kann dies zur so genannten Paarbildung führen. Hierbei wird das Photon vollständig absorbiert und die

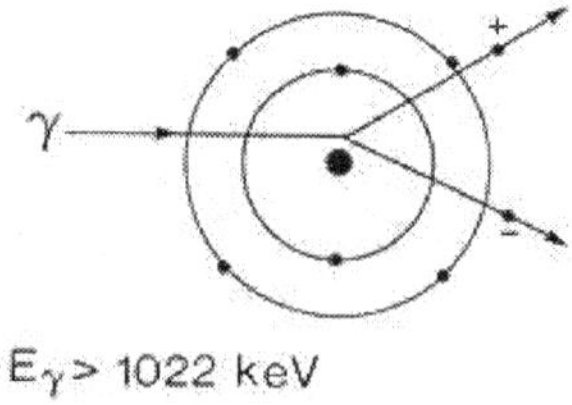

Abbildung 4: Schema Paarbildung [4]

Energie des Photons wird teilweise in die Ruhemassen des Teilchen-Antiteilchenpaares (e^- und e^+) umgewandelt. Die Differenz zwischen der ursprünglichen Photonenenergie und die für die Masse benötigte Energie ist anschließend die kinetische Energie des Materie-Antimaterie-Paares [1].

2.2. Dosis

Diese Messgröße, die mithilfe einer Ionisationskammer bestimmt werden kann, ist die so genannte Energiedosis. Sie gibt die absorbierte Strahlungsenergie *E* eines durchstrahlten Körpers pro Masse *m* an. Als Einheit der Energiedosis wird Gray (Gy) eingesetzt [5].

$$D = \frac{\Delta E}{\Delta m} \qquad 1Gy = \frac{1J}{1kg} \qquad (2.1)$$

2.3. Wechselwirkungen ionisierender Strahlung mit Materie

Beim Auftreffen ionisierender Strahlung auf Materie bzw. Gewebe erfolgen Summen- bzw. Transporteffekte, die als der so genannte Aufbaueffekt bezeichnet werden. Dieser Effekt ist in der Strahlentherapie ein äußerst relevantes Phänomen, der durch Sekundär – Elektronen - Prozesse hervorgerufen wird.

Die Sekundärelektronen besitzen eine von ihrer Energie abhängige Reichweite. Mit zunehmender Gewebetiefe kommt es häufiger zur Absorption anstatt zu einer weiteren Ionisation. Daraus resultiert ein Elektronengleichgewicht und damit die unten aufgezeigten Maxima der relativen Tiefendosis [6].

Das Dosismaximum befindet sich durch den Aufbaueffekt nicht an der Oberfläche des Gewebes, sondern in Abhängigkeit der Energie verlagert sich das Maximum in die Tiefe des Gewebes. Mit zunehmender Energie entfernt sich demnach das Dosismaximum von der Oberfläche.

Die folgende Abbildung verdeutlicht diesen Zusammenhang.

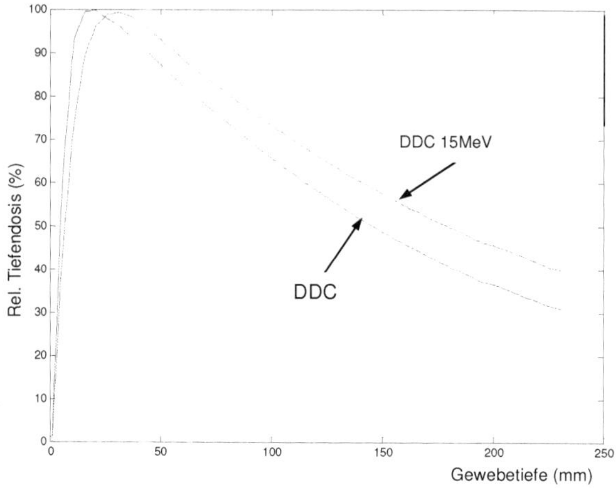

Abbildung 5: Tiefendosiskurven

Der im MC Bonn vorhandene Beschleuniger bietet die Möglichkeit einer Bestrahlung mit Energien von 6 MeV bzw. 15 MeV.

2.4. Teletherapie

Die Durchführung der Teletherapie kann mit einem Kreisbeschleuniger oder einem Linearbeschleuniger durchgeführt werden. Im MC Bonn wird letzterer verwendet. Bei der Teletherapie erfolgt die Dosisapplikation kontaktlos und durch mehrere Photonenfelder aus verschiedenen Gantrywinkeln. Welche Dosis im Zielvolumen erreicht werden soll bzw. aus welchen Winkeln die Bestrahlung erfolgt, wird bei der Bestrahlungsplanung festgelegt.

Die untere Abbildung zeigt die Gantry eines Linearbeschleunigers (Siemens Mevatron – MD2) des Medizin Centers Bonn.

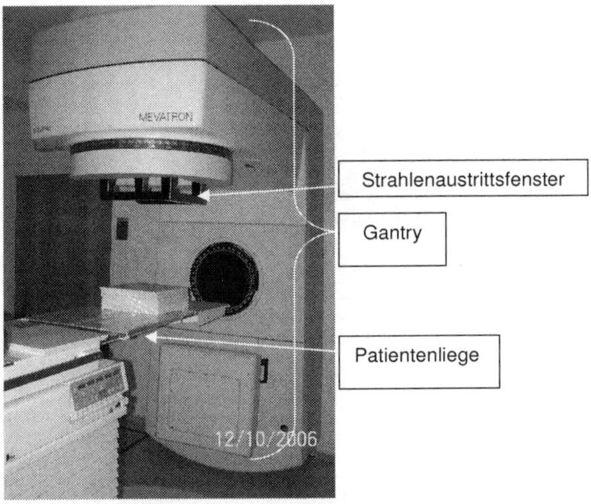

Abbildung 6: Linearbeschleuniger (Linac) des MC Bonn

2.4.1. Bestrahlungsplanung

Die Bestrahlungsplanung wird stets anhand von CT – Daten durchgeführt, die in das Planungssystem (XiO) eingelesen werden. Anschließend erfolgen Markierungen der Patientenaußenkonturen und eine Definition der Behandlungsvolumina nach der ICRU 50/(62). Für diese Gebiete gelten Dosisrichtwerte, die während der Behandlung eingehalten werden sollten. Hierbei handelt es sich beispielsweise um das Tumorvolumen (GTV – Gross Tumor Volume), klinisches Zielvolumen (CTV – Clinical Target Volume) und Risikoorgane (OAR – Organs at risk) [6][7].

Die folgende Graphik zeigt die wichtigsten Planungsvolumina, die im Anschluss erläutert werden.

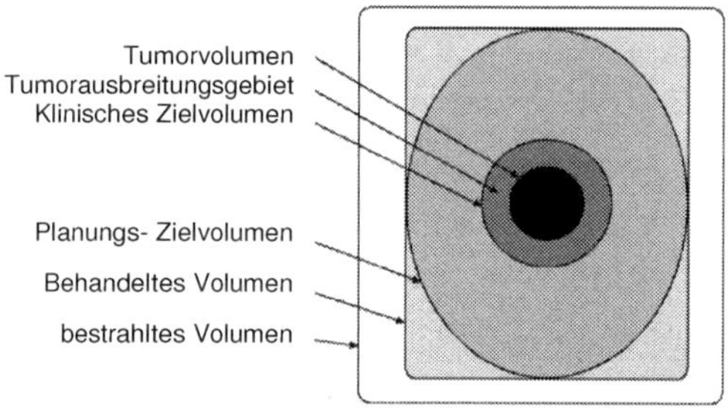

Abbildung 7: Klinische Zielvolumina [8]

- ***Tumorvolumen***

  Als Tumorvolumen wird im Allgemeinen das Volumen definiert, in dem mit diagnostischen Mitteln Tumorgewebe nachweisbar ist. Es entspricht dem Gross Tumor Volume (GTV).

- ***Tumorausbreitungsgebiet***

  Volumen außerhalb des Tumorvolumens, in dem keine Tumorzellen nachzuweisen sind, aber anzunehmen ist, dass dort Tumorgewebe lokalisiert ist.

- ***Klinisches Zielvolumen***

  Dieses Volumen umschließt räumlich zusammenhängende Tumorvolumina und stellt das Volumen dar, in dem eine bestimmte Strahlendosis erreicht werden soll. Das klinische Zielvolumen ist auch unter dem Begriff Clinical Target Volume (CTV) bekannt. Sollen unterschiedliche Dosiswerte innerhalb eines onkologischen Volumens erreicht werden, so ist es möglich, mehrere klinische Zielvolumina festzulegen.

- ***Planungs - Zielvolumen***

  Dieses Volumen beinhaltet das klinische Zielvolumen unter Berücksichtigung von Störeinflüssen, wie zum Beispiel Bewegungen während der Bestrahlung (z.B. Atmen). Berücksichtigt werden außerdem eventuelle Größenschwankungen von Organen (z.B. Blase oder Rektum aufgrund des Füllstandes) und die nicht exakte Reproduzierbarkeit der Patientenlagerung.

  Das Planungs-Zielvolumen wird auch *Planning Target Volume (PTV)* genannt und ist in der Regel größer als das klinische Zielvolumen.

- ***Behandeltes Volumen***

  Das behandelte Volumen entspricht im Idealfall dem PTV. Es ist definiert durch den Isodosenverlauf, auf der die Energiedosis zum Erreichen des Behandlungszieles liegt. Es ist auch unter dem Namen *Treated Volume* bekannt.

- ***Risikoorgan***

  So genannte Risikoorgane (OAR - *organs at risk*) sollten keine Strahlung über eine empirisch festgelegte Dosis hinaus erhalten, da ansonsten Funktionsstörungen oder gar ein vollkommener Funktionsausfall auftreten können. Aus diesem Grund müssen diese Organe bei der Bestrahlung besonders berücksichtigt werden und wenn nötig, die applizierte Gesamtdosis reduziert werden [9].

In der unteren Tabelle sind einige der Toleranzdosen nach Emami aufgeführt. Die Toleranzdosen (TD) stellen jeweils die Auftrittswahrscheinlichkeiten der Nebenwirkung in einem Zeitraum von fünf Jahren dar. Somit bedeutet es beispielsweise für Hoden, dass bei einer Dosis von 1 Gy in 5 % der Fälle eine Sterilisation innerhalb von 5 Jahren auftritt bzw. bei 2 Gy werden bereits 50 % der Patienten in diesem Zeitraum zeugungsunfähig. Diese Toleranzdosen gelten für eine konventionell fraktionierte Behandlung, d.h. es werden fünfmal die Woche ca. 2 Gy auf das PTV appliziert.

Organ	Strahlenfolge	Toleranzdosis 5/5 [Gy]	Toleranzdosis 50/5 [Gy]
Hoden	Sterilisation	1	2
Ovar	Sterilisation	2-3	6-12
Linse	Katarakt	3	6
Rektum	Ulkus, Striktur	60	80
Harnblase	Schrumpfung	60	80

Tabelle 1: Toleranzdosiswerte von Risikoorganen [7]

Für die individuelle Bestrahlungsplanung sollten diese empirischen Grenzwerte beachtet werden, die entsprechend der Notwendigkeiten und Risiken gewichtet werden, um gegebenenfalls die verordnete Dosis (Tumor - Kontrolldosis) in Teilen des PTV anzupassen. Beispielsweise wird die Tumor - Kontrolldosis im Falle einer konventionellen Prostatabestrahlung auf 72 Gy beschränkt, da eine höhere Dosis innerhalb der Prostata höhere Dosen in Blase und Rektum mit sich führen würde. Eine höhere Dosis von ca. 90 Gy im Zielvolumen ist mit der intensitätsmodulierten Strahlentherapie möglich, wodurch in manchen Fällen ein größerer Behandlungserfolg erzielt werden kann.

Die untenstehende Abbildung zeigt Bilder des Planungsablaufes eines Prostatapatienten. Zunächst erfolgt die Einzeichnung des Zielvolumens (Prostata) und des Risikoorgans (Rektum), diese sind anschließend in einer Konturansicht darstellbar.

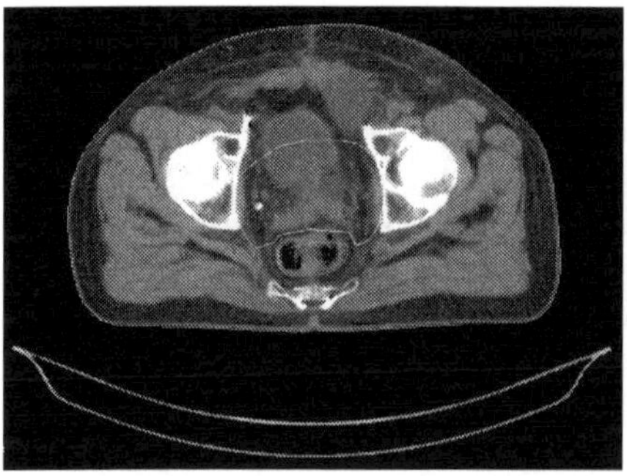

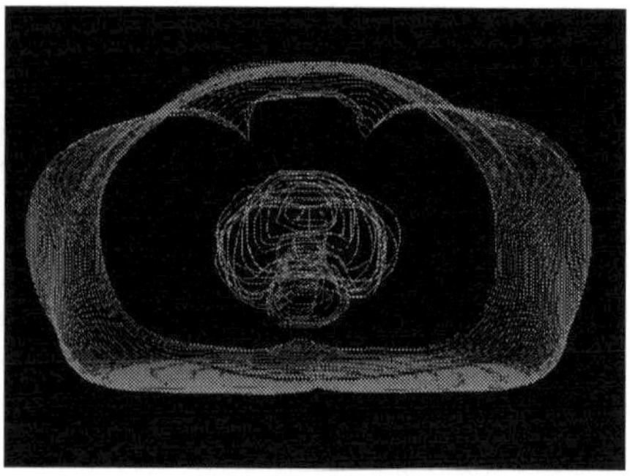

Abbildung 8: Planungskonturen in einer CT - Schicht bzw. Darstellung sämtlicher Konturen

Nach der Definition der Behandlungsvolumina werden das Isozentrum und eventuell weitere Referenzpunkte angegeben. Das Isozentrum stellt einen wichtigen Parameter der Strahlentherapie dar und wird als Schnittpunkt des Zentralstrahls über beliebige Gantry- und Kollimatorrotationen angegeben [10].

Die darauf folgenden Planungsschritte sind für die konventionelle und intensitätsmodulierte Strahlentherapie unterschiedlich. Bei der konventionellen Therapie werden die Beams gesetzt und die Dosisverteilung berechnet. Im Gegensatz dazu werden bei der IMRT – Planung Einstrahlrichtungen und Dosiswerte für Behandlungsvolumina angegeben, damit das Planungssystem die Behandlungsparameter, wie z.B. die Segmente pro Beam, ermitteln kann.
Die folgende Darstellung zeigt einen konventionellen Plan einer Prostatabestrahlung. Sowohl die Definition des Zielvolumens, des Risikoorgans und die Dosisverteilung anhand der Isodosenlinien sind erkennbar.

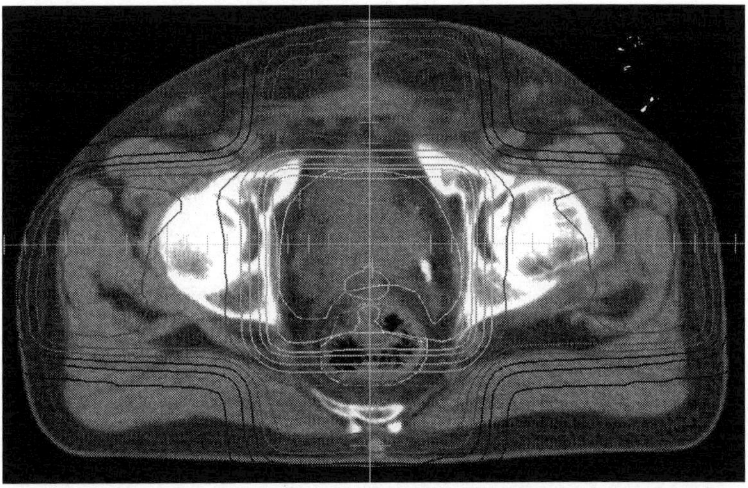

Abbildung 9: Isodosenverteilung am Beispiel einer konventionell geplanten Prostatabestrahlung

Nach sämtlichen Planungsschritten folgt eine Abschlusskontrolle aller CT Schichten, wobei besonders die Dosisverteilung an bzw. im Zielvolumen und den Risikoorganen beachtet wird.

Eine konventionelle bzw. intensitätsmodulierte Bestrahlung erfolgt fraktioniert, d.h. in tägliche Einzeldosen aufgeteilt. Eine fraktionierte Strahlenexposition ist dadurch begründet, dass sich das gesunde Gewebe bis zur nächsten Applikation meist regenerieren kann. Das bösartige dagegen hat nur geringe bzw. keinerlei Regeneration aufzuweisen und wird somit pro Fraktion stärker geschädigt.

Über eine gesamte Behandlung wird dem Patienten je nach Art und Lage des zu behandelnden Gewebes eine Gesamtdosis von 20 - 80 Gy bzw. eine Tagesdosis von ca. 1,3 - 3 Gy verabreicht. Diese Dosis ist jeweils auf das Zielvolumen bezogen.

Eine Bestrahlung erfolgt derzeit meist konformal, d.h. die Felder werden mithilfe von Blei – Lamellen (Abbildung 10), dem so genannten Multi – Leaf – Collimator (MLC), seitlich begrenzt. Hierdurch wird eine bessere Anpassung der Dosis an das Zielvolumen gewährleistet und gleichzeitig das umliegende Gewebe geschont.

Die nachstehende Abbildung zeigt einen MLC.

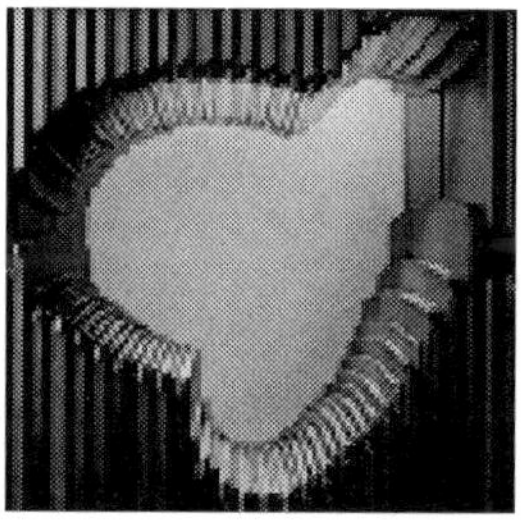

Abbildung 10: Multi-Leaf-Collimator (MLC) [11]

Unter diesen Umständen weist der Beam bei der konventionellen Bestrahlung eine homogene Dosisverteilung auf. Eine Änderung der Dosisverteilung kann mit Keilen (Wedges) erreicht werden, die direkt unter dem Strahlaustrittsfenster platziert werden. Je nach Steilheit des Keils, resultiert daraus ein Dosisgradient, der eine bessere Anpassung an Zielvolumina bzw. Schutz von Risikoorganen gewährleistet.

Die konventionelle Bestrahlung ist trotz konformaler Technik begrenzt an ein irreguläres PTV adaptierbar und versagt bei stark konkaven Zielvolumina. In einem solchen Fall findet die so genannte intensitätsmodulierte Radiotherapie (IMRT) ihre Anwendung.

2.4.2. Intensitätsmodulierte Radiotherapie (IMRT)

Bei stark konkaven Zielvolumina, in deren Umfeld sich Risikoorgane (wie z.B. Rektum oder Blase) befinden, ist die Anwendung der intensitätsmodulierten Radiotherapie von Vorteil. Diese erlaubt, aufgrund der Unterteilung eines Beams in mehrere Segmente, eine optimale Anpassung der Dosisverteilung an das Zielvolumen unter Berücksichtigung der empfindlichen Risikoorgane.

Eine intensitätsmodulierte Bestrahlung wird invers geplant, d.h. im Gegensatz zur konventionellen Therapieplanung werden nicht die Beams gesetzt und die Dosis errechnet, sondern es werden zunächst Zielvolumen und Risikoorgane mit den entsprechenden Dosiswerten definiert. Anschließend berechnet ein Algorithmus die bestmöglichen Segmente und der damit verbundenen Position des MLC.

Die nachstehende Abbildung veranschaulicht den Unterschied zwischen konventioneller und intensitätsmodulierter Strahlentherapie.

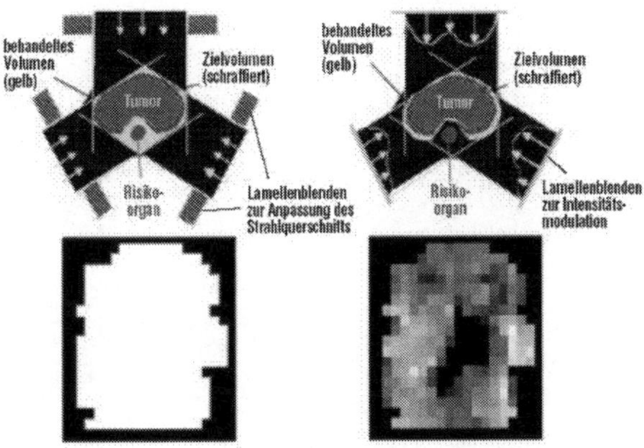

Abbildung 11: Dosisverteilung konventionell (li) und intensitätsmoduliert (re) [12]

Für das zeitliche Verschieben der Blei - Lamellen (MLC) existieren derzeit zwei Techniken. Bei der „Step - and - shoot" – Methode, die im MC Bonn verwendet wird, kommt es zu einer Bestrahlungsunterbrechung während der Leaf - Verschiebung. Im Gegensatz dazu wird bei dem so genannten „Sweeping - window" - Verfahren die Stellung der Leafs innerhalb der Bestrahlungszeit verändert. Aus beiden Techniken resultiert jedoch die gleiche Dosisverteilung.

Die folgende Darstellung verdeutlicht beide Techniken der intensitätsmodulierten Strahlentherapie.

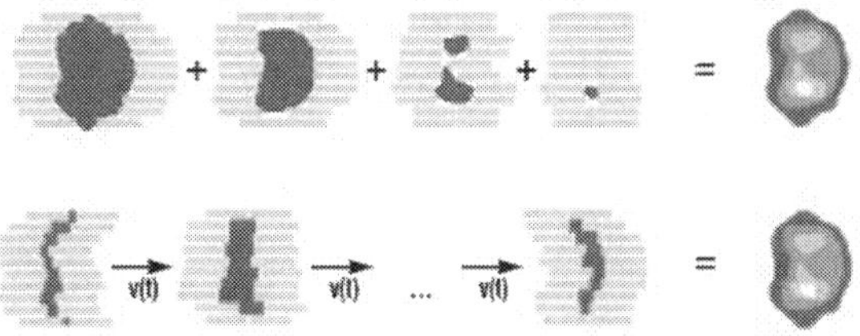

Abbildung 12: IMRT – Techniken: „Step – and - shoot“ (oben), „Sweeping - window“ (unten) [12]

3. Konstruktion eines Prostataphantoms

Um einen erstellten Bestrahlungsplan überprüfen zu können, ist ein geeignetes Messphantom notwendig. Die Eigenschaften des Phantoms sollten an die Bedingungen einer Patientenbestrahlung angepasst sein und gleichzeitig eine Überprüfung der applizierten Dosisverteilung zulassen. Letzteres geschieht mithilfe von Filmen, die ihren Grauwert in Abhängigkeit von der Dosis ändern und einer Ionisationskammer, mit der die applizierte Dosis in definierten Punkten der Filmebene gemessen wird.

Bei der Konstruktion eines Messphantoms müssen demnach zunächst grundlegende Eigenschaften festgelegt werden. Hierzu gehört beispielsweise das Material des Phantoms. Da die Dosisverteilung abhängig von der Dichte eines Körpers ist, sollte das Phantom analog dem Patientenkörper eine ähnliche Dichte wie Wasser (ca. 1 g/cm^3) aufweisen. Allerdings ist zu beachten, dass es sich bei dem Material um einen Feststoff handeln sollte, da sich ansonsten eine Filmdosimetrie schwierig gestaltet, wie es z.B. bei einem Wasserphantom der Fall wäre. Das hierfür am besten geeignete Material ist Acryl, weshalb es zum Bau des Phantoms verwendet wurde.

Die Form des Phantoms ist von dem späteren Anwendungsbereich der IMRT abhängig. Voraussichtlich wird die IMRT im MC Bonn hauptsächlich im Prostata- oder Kopfbereich angewandt. Aufgrund häufigerer Bestrahlungen der Prostata fiel die Wahl auf ein „Abdomen - Phantom".

Bei der Planung dieses speziellen Phantoms sind insbesondere die geometrischen Eigenschaften zu beachten. Es sollte grundsätzlich der Form eines menschlichen Unterleibes entsprechen, um eine Prostatabestrahlung realitätsnah zu simulieren.

Die folgenden Abbildungen zeigen das konstruierte Prostata - Phantom.

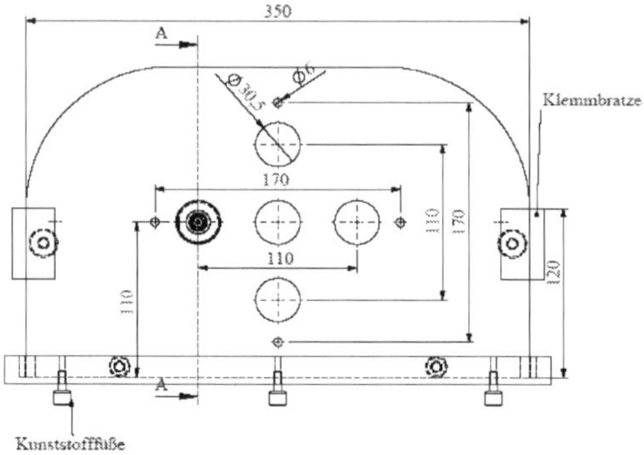

Abbildung 13: Phantom Kopfansicht

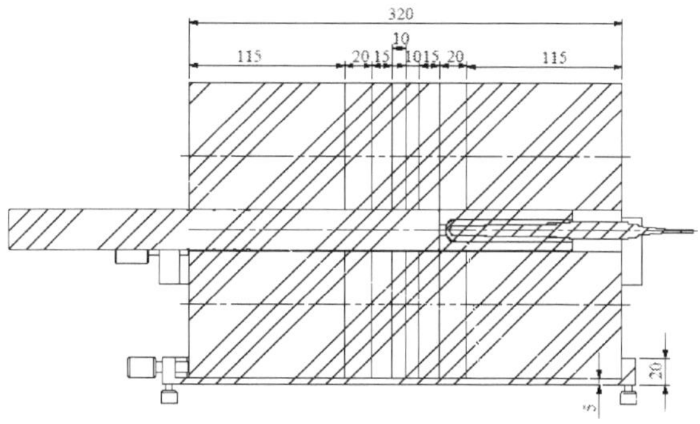

Abbildung 14: Phantom Seitenansichten

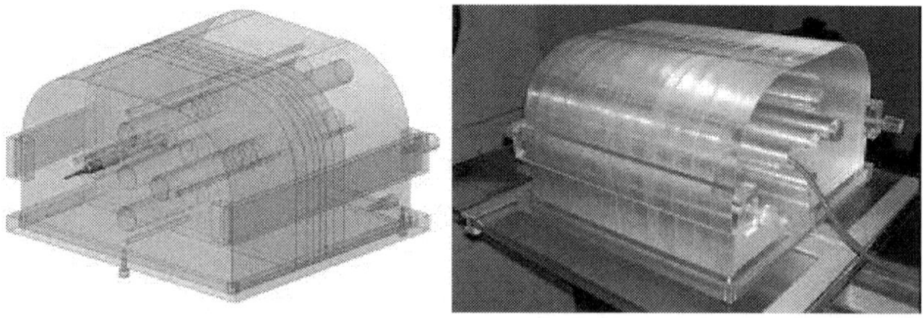

Abbildung 15: 3D – Ansicht des Prostataphantoms (Plan links, real rechts)

Das geplante Phantom besteht aus transversal angeordneten Plexiglas-Platten unterschiedlicher Dicke (10, 15, 20, 115 mm), wobei die Schichtdicke von innen nach außen zunimmt. Der ursprünglich geplante Randblock von 115 mm wurde aufgrund von Fertigungsschwierigkeiten durch mehrere Acryl - Platten (15, 20 mm) ersetzt. Die Zunahme der Plattendicke von innen nach außen beruht darauf, dass mittig sowohl das Zielvolumen (Prostata) als auch das Risikoorgan (Rektum) definiert werden und dünnere Platten eine höhere Auflösung gewährleisten. Die inneren sechs Plexiglas-Platten sind jeweils doppelt vorhanden, einmal für die Filmdosimetrie und des Weiteren für Messungen mit der Ionisationskammer. Der Unterschied beider Plattensätze besteht in der Anzahl der Bohrungen. Jede Platte des Phantoms besitzt vier kleine Bohrungen (∅ 6 mm), durch die die Filme vor der Bestrahlung mit einer Nadel markiert werden. Dadurch ist es nach der Messung möglich, die Position in zwei Koordinaten eindeutig zu reproduzieren. Die dritte Koordinate der Filmposition resultiert aus der transversalen Phantomschicht.

Die Phantomschichten für die Filmdosimetrie weisen keine weiteren Bohrungen auf, da weitere Lufteinflüsse zu Grauwertfehlern auf dem Film und somit zu falschen Messungen der Dosisverteilungen führen würden. Die großen Bohrungen der äußeren Platten werden während der Filmaufnahmen mit Bolzen aus Plexiglas ausgefüllt. Zusätzlich werden außen am Phantom Zwingen angebracht, um eine Fixierung der Phantomplatten und damit der Filme zu gewährleisten.

Die übrigen Platten, d.h. die Platten für Messungen mittels Ionisationskammern, besitzen zusätzlich fünf Bohrungen (∅ 30,5 mm), in die eine Messkammer eingeführt werden kann. Während dieses Versuchsaufbaus verfügt das Phantom über insgesamt neun durchgängige Bohrungen:

- vier Bohrungen (∅ 6 mm)
- fünf Bohrungen (∅ 30,5 mm)

Zur Messung mit Ionisationskammern wurde jeweils ein Adapter für die folgenden Ionisationskammern konstruiert:

- PTW 30001 (Messvolumen 0,6 cm^3)
- PTW 31003 (Messvolumen 0,3 cm^3)

Ein solcher Adapter wird zur Messung in eine große Bohrung eingebracht. Jeder Adapter weist dieselben Außen- aber an die Kammer individuell angepasste Innenmaße auf.

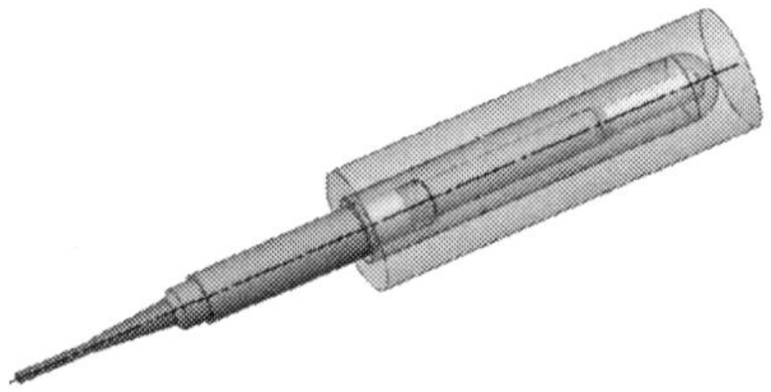

Abbildung 16: Ionisationskammer mit Adapter (Darstellung 3D-CAD)

Um den Messort der Kammer genau reproduzieren und eventuelle Fehlerquellen ausschließen zu können, wurde der Abstand zwischen Kammermesspunkt und Ende des Adapters einheitlich auf 20 mm gehalten. Die genaue Position der Messung kann somit durch einen skalierten Anschlagbolzen, der gegen die Kammer geschoben wird, vor jeder Messung festgelegt werden.

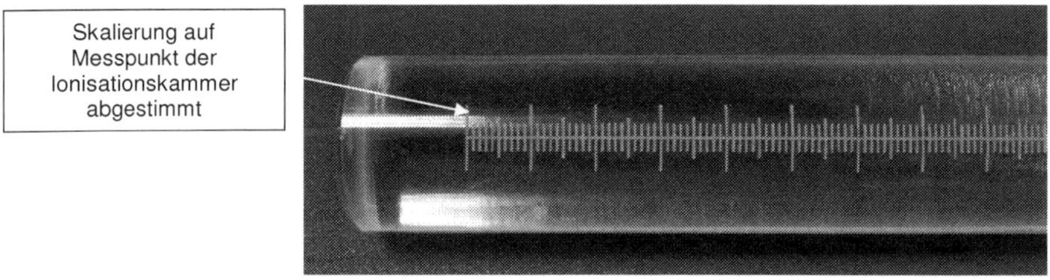

Abbildung 17: Skalierter Anschlagbolzen

Die Bohrungen, in denen keine Dosismessung stattfindet, müssen während der Bestrahlung mit Bolzen ausgefüllt werden.

Die Anordnung der großen Bohrungen ist bewusst in dieser Form gewählt. Ziel dieser Qualitätssicherung ist einerseits die geplante Dosis im Zielvolumen zu betrachten und andererseits die Risikoorgane vor einer Überdosierung zu schützen. Durch die großen Bohrungen ist es möglich, die Dosis im Zielvolumen zu messen (zentrale Bohrung) und zusätzlich die Dosiswerte an den Hüftköpfen (seitliche Bohrungen), am Rektum (untere Bohrung) und in der Blase (Bohrung oben) zu überprüfen.

Nach der Einsicht in die CT-Daten des geplanten Phantoms bestand die Notwendigkeit, Zwingen zu konstruieren, die eine Fixierung der Platten während des Scans ermöglichen. Grund hierfür waren Artefakte, die durch Luft zwischen den nicht exakt planen Phantomplatten hervorgerufen wurden.

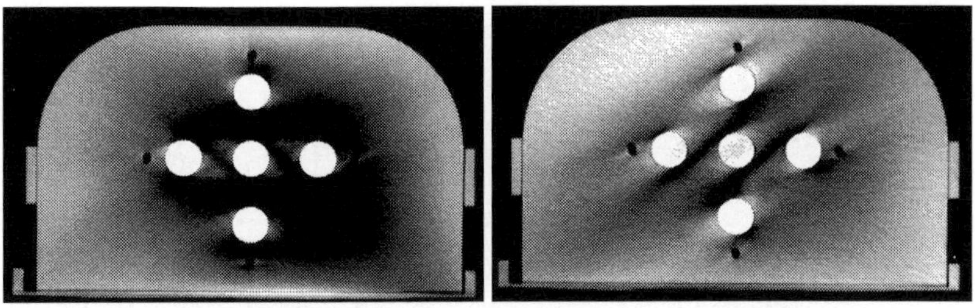

Abbildung 18: Artefakte in CT – Daten des Phantoms

Ein Ausschnitt der Phantomübersicht verdeutlicht nochmals den Bedarf von zwei zusätzlichen Zwingen.

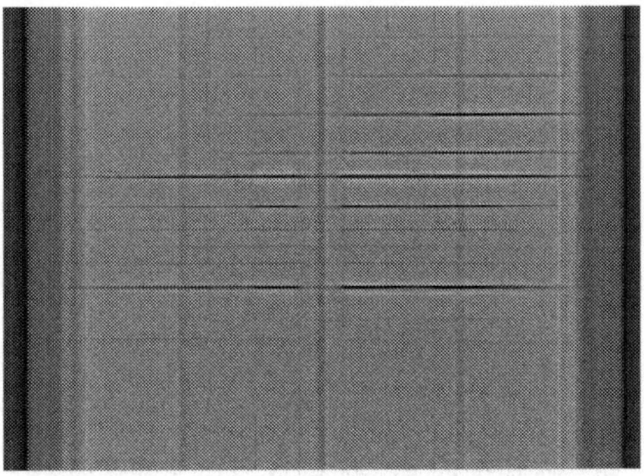

Abbildung 19: Übersicht CT - Scan

Die Zwingen stellen Bolzen dar, die durch die großen Bohrungen des Phantoms reichen und an beiden Seiten ca. 5 cm über das Phantom hinausragen. Die überstehenden Bereiche der Bolzen sind jeweils mit einem Gewinde versehen. Durch das beidseitige Aufdrehen einer Mutter werden die Phantomschichten fixiert. Unterlegscheiben schützen die äußere Phantomschicht vor Schäden.

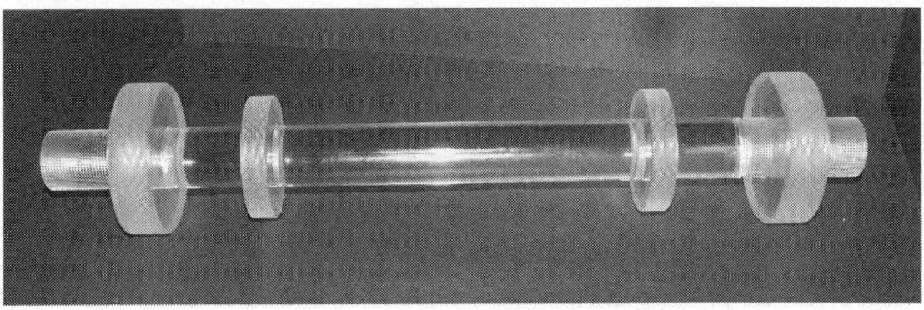

Abbildung 20: Gewindebolzen

Abbildung 21: Phantom mit Gewindebolzen und Messkammer

4. Registrierung der Bilddaten

Der erste Schritt der Registrierung beider Daten ist die Angleichung der Filmauflösung an die der Planungsdaten. Die aus den Planungsdaten exportierte Dosismatrix weist stets eine Auflösung von 1 mm auf, währenddessen die der Filme je nach Scan-Parameter variiert. Zur Angleichung werden die Markierungen herangezogen, die vor der Messung mit einer Metallnadel in den Film gestochen werden.

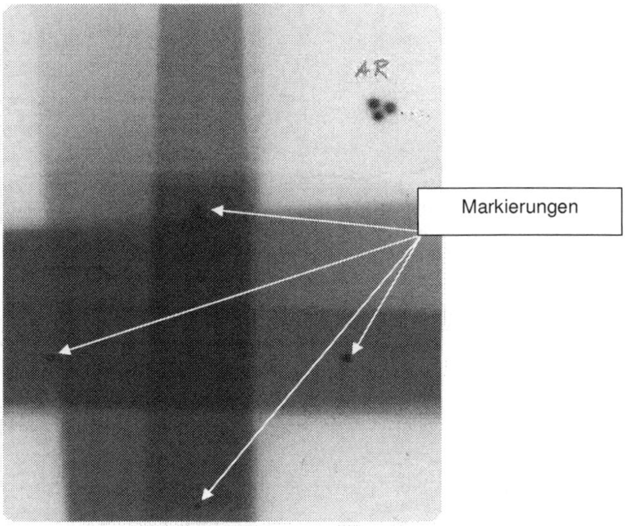

Abbildung 22: gescannter Film mit Markierungen

Die Bohrungen (Ø 6 mm), durch die der Film mithilfe der Nadel markiert wird, besitzen einen vorgegebenen Abstand von 170 mm der jeweils horizontalen bzw. vertikalen Bohrungen (siehe: Abbildung 13: Phantom Kopfansicht). Durch die konkreten Abstandsmaße ist es möglich, die Auflösung durch Interpolation anzugleichen.

Nachdem die Angleichung der Auflösung erfolgreich stattgefunden hat, ist eine exakte Überlagerung der Matrizen erforderlich. Dies geschieht einerseits mit den Markierungen auf dem Film, als auch mit den Isozentrumdaten des Plans. Der Schnittpunkt der horizontalen bzw. vertikalen Verbindungen der Markierungen, definiert zwei Koordinaten des Isozentrums. Die dritte Koordinate wird durch die transversale Ebene geliefert, in der sich der Film während der Messung befindet. Dadurch ist eine eindeutige Lage des Films in Bezug zum Isozentrum bereits nach der Messung offensichtlich.

Eine Definition des Isozentrums der Planungsdaten ist dagegen deutlich umfangreicher. Die Planungsdaten besitzen ein von der Planungssoftware definiertes Koordinatensystem, in dem das Isozentrum während des Planungsvorganges definiert wird. Zusätzlich zu diesem Isozentrum wird vom Planungssystem die linke obere Ecke (upperleft) der Phantom-Transversalschicht (x-, z-Koordinate) als Referenzpunkt angegeben. Die y-Koordinate ist bereits durch die Transversalebene des Plans festgelegt. Die x- und z-Koordinate des upperlefts erscheinen in der exportierten Planungsdatei (txt-Datei), in der einerseits Angaben des geplanten Bestrahlungsfeldes zu finden sind, als auch prozentuale Dosiswerte, die auf die Dosis im Referenzpunkt, in diesem Fall auf das Isozentrum, bezogen sind. Eine weitere interessante Angabe ist der Abstand der genauen Dosisberechnung (CalcGridResmm (x, y, z)). In diesem Fall beträgt dieser Wert in alle Raumrichtungen 5 mm bei einer Dosisauflösung (DoseResmm) von 1 mm, d.h. ein Großteil der Dosiswerte wird interpoliert. Daraus resultieren teilweise große Abweichungen insbesondere bei starken Dosisgradienten, wie die Auswertungen der Messungen später belegen.

```
0000108e
DateTime,Sep 25 2006,14:15:26 DocNum,17220060921.154746.101
PatientID,002
PlaneDesc,T: 19.25 cm
DoseUnits, % , (100%) , 2.00 cGy
CompfType,-1
FieldSizeDefDist,-1.0
CollWidLenQAplane,-1.0,-1.0
OutputWidLenQAplane,385.0,230.0
QAssd,-1.0
QAdepth,-1.0
QAedens,-1.00
Upperleft,-195.0,105.0
CalcGridResmm (x,y,z),5.0,5.0,5.0
DosePtsxy,386,231
DoseResmm,1.0
0.0,0.0,0.0,0.0,0.0,0.0,0.0,0.0,0.0,0.0,0.0,0.0,0.0,0.0...
```

Abbildung 23: Ausschnitt der exportierten Planungsdatei (txt - Datei)

Beim Einlesen der Text-Daten werden vor allem die Dosismatrix und die Koordinaten des upperlefts berücksichtigt. Um analog zum Film zwei Koordinaten des

Planisozentrums in Pixelkoordinaten zu errechnen, werden die Koordinaten des upperlefts mit den x – und z- Koordinaten des bei der Planung markierten Isozentrums verrechnet. Die Plankoordinaten des Isozentrums müssen jedoch in das eigens konzipierte Matlab-Programm eingegeben werden.

Im Anschluss an diese Prozesse besteht die Möglichkeit einen quadratischen Bereich um das jeweilige Isozentrum auszuwählen. Anschließend ist die Registrierung der Planungs- und Filmdaten abgeschlossen.

Aufgrund eventuell ungenauer Markierungen des Filmzentrums ist des Weiteren eine Registrierung unter Zuhilfenahme des Normalised Mutal Information Index (NMI) möglich, auf den in Kapitel 6.1. näher eingegangen wird.

5. Filmkalibrierung

Zu den grundlegenden Kenntnissen für die IMRT - Qualitätssicherung zählt unter anderem der Grauwert – Dosis – Zusammenhang der verwendeten Filme. Die Problematik besteht darin, dass die Grauwerte trotz gleicher Dosis von Film zu Film schwanken. Dies ist unter anderem durch Abweichungen des Entwicklerbades, wie z.B. Temperaturschwankungen, zu erklären.

Üblicherweise werden für eine Filmkalibrierung Felder verwendet, die aus mehreren quadratischen Einzelfeldern bestehen, wie die folgende Abbildung verdeutlicht.

Abbildung 24: übliche Bestrahlung zur Filmkalibrierung

Da bei der oben gezeigten Vorgehensweise starke Streuanteile auftreten, wurden für diese Kalibrierung mehrere Filme mit jeweils einem 10 x 10 cm großen Isodosenfeld bestrahlt. Die Felddosis wurde im Anschluss mit einer Ionisationskammer gemessen und dem entsprechenden Grauwert zugeordnet. Die Kalibrierung wurde für zwei Filme (Kodak X-OMAT, Kodak EDR2) durchgeführt.

Eine anschließende Filmmessung (X-OMAT) der Tiefendosis zeigt den Vergleich der geplanten und berechneten Dosis.

5.1. Kodak X-OMAT

Der Kodak X-OMAT wird üblicherweise in der Qualitätssicherung der konventionellen Strahlentherapie eingesetzt. Er besitzt einen Empfindlichkeitsbereich von 0,2 - 1 Gy. Zu beachten ist allerdings, dass im Bereich oberhalb von 0,8 Gy eine Sättigung eintritt, die eine Unterscheidung der Grauwerte und damit der Dosiswerte schwierig gestaltet.

Abbildung 25: Scans unterschiedlich stark bestrahlter Filme (Kodak X-OMAT)

Um nun eine exakte Dosis-Grauwert-Zuweisung zu erhalten, wird der Grauschleier, der sich über die nicht bestrahlten Gebiete legt, vom Gesamtbild abgezogen. Diese Vorgehensweise ist beim Kodak X-OMAT notwendig, da er empfindlich auf Unregelmäßigkeiten während der Entwicklung bzw. Belichtung reagiert. Dafür war es notwendig, zunächst das Bild zu normieren und zu invertieren. Anschließend ist es möglich, die nun vorliegenden Grauwerte exakten Dosiswerten zuzuordnen. Bei zukünftigen Messungen wird ebenfalls vor der Subtraktion (Plan – Film) der Grauschleier vom Film abgezogen und erst anschließend eine Dosiszuweisung durchgeführt.

Das folgende Diagramm zeigt die Dosis-Grauwert-Zuweisung. Die im Diagramm dargestellte Näherungsfunktion wird in der Software zur Umrechnung von Grau – in Dosiswerte verwendet.

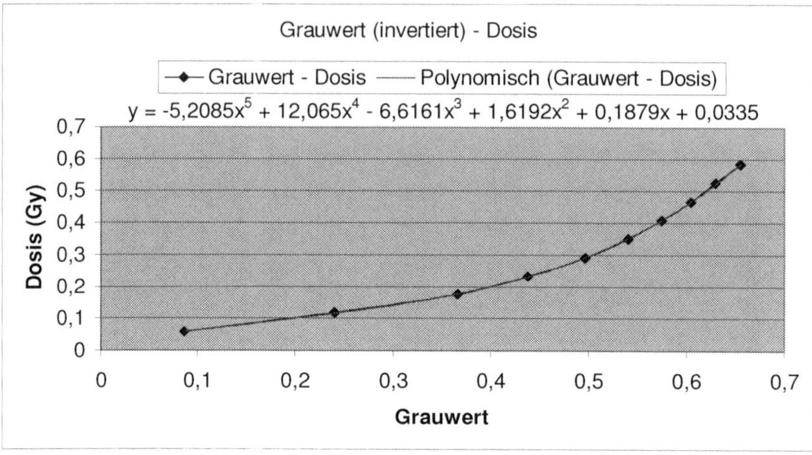

Diagramm 1: Abhängigkeit Grauwert – Dosis (Kodak X-OMAT)

Das Ziel dieser Arbeit ist es allerdings eine komplette Bestrahlung, d.h. im Dosisbereich von ca. 1,8 Gy, zu verifizieren. Eine Möglichkeit wäre es, die Maximaldosis an den Empfindlichkeitsbereich des Kodak X-OMAT anzupassen. Das Problem dieser Dosisanpassung wäre die Linearität des Beschleunigers im niederen Dosisbereich. Würde ein IMRT - Plan auf eine solch geringe Maximaldosis gesetzt werden, entstehen Beam-Segmente, die weniger als fünf Monitoreinheiten (MU) aufweisen. Die alljährliche Linearitätsüberprüfung ergibt stets eine Abweichung von mindestens 1 % in diesem MU-Bereich bzw. unterhalb von 3 MU bis zu 10 %. Aus diesem Grund ist eine Verifikation der Gesamtdosis mithilfe des Kodak EDR2 Erfolg versprechender. Einzelfelder können jedoch weiterhin mit dem Kodak X-OMAT verifiziert werden.

5.2. Kodak EDR2

Der Kodak EDR2 wurde eigens für die Qualitätssicherung in höheren Dosisbereichen entwickelt und ist somit gut in der intensitätsmodulierten Strahlentherapie verwendbar. Er weist einen Empfindlichkeitsbereich von 0,2 – 7 Gy auf, wobei zu beachten ist, dass im unteren Bereich (0,1 – 0,3 Gy) starke Abweichungen auftreten können. Mithilfe dieses Films ist es nun möglich, eine gesamte Behandlungsfraktion von 1,8 Gy im Zielvolumen zu verifizieren.

Bei der Filmkalibrierung ist aus diesem Grund der Dosisbereich 0,3 – 2 Gy von großem Interesse und dementsprechend erfolgt die Grauwert – Dosis - Kalibrierung. Ingesamt wurden zwölf Felder (jeweils 10 x 10 cm) unterschiedlicher Dosis bei einer Photonenenergie von 15 MeV abgestrahlt, wobei sieben Felder eine Dosis bis 2 Gy aufzeigen.

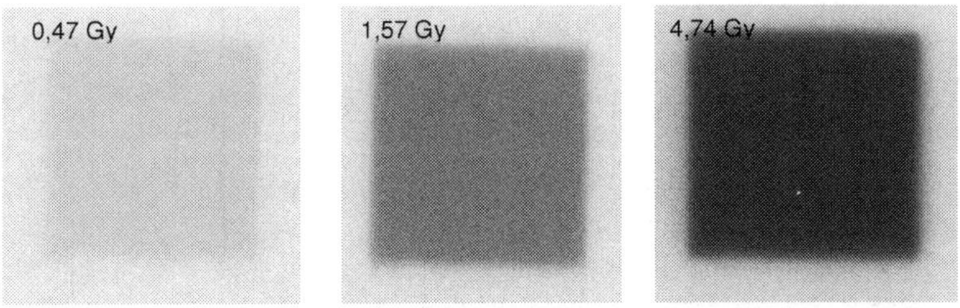

Abbildung 26: Scans unterschiedlich stark bestrahlter Filme (Kodak EDR2)

Vor der Zuweisung der Dosiswerte wird in der Software eine Normierung des Films durchgeführt, wobei der Wert 1 ein unbelichtetes Pixel charakterisiert. Daraufhin wird der Film invertiert und eine Dosiszuweisung durchgeführt. Die Invertierung der Filmdaten wird angewandt, da eine Dosisberechnung mithilfe der entsprechenden Näherungsfunktion geringere Abweichungen vorweist. Die folgende Darstellung zeigt den interessanten Bereich der Dosiskalibrierung und die betreffende Näherungsfunktion.

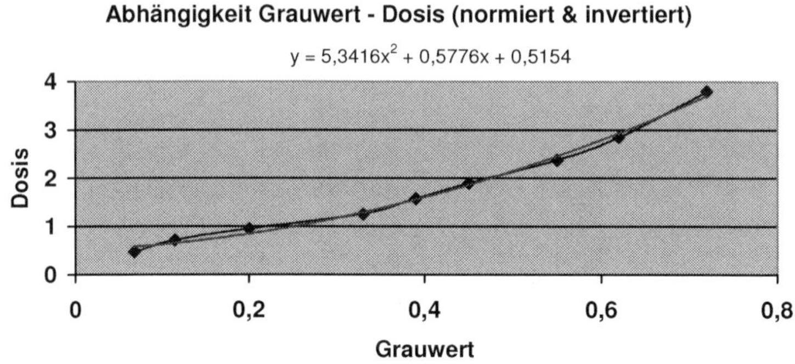

Diagramm 2: Abhängigkeit Grauwert – Dosis (Kodak EDR2)

5.3. Tiefendosiskurven

Bevor die Messungen beginnen konnten, musste sichergestellt sein, dass das Matlab-Programm die Grauwertverteilung des Films in eine exakte Dosisverteilung umrechnet. Als Vergleich sind dafür die bereits bekannten Tiefendosiskurven (DDC – Dose Depth Curve) geeignet, die zusätzlich die Absorptionseigenschaften des Phantommaterials charakterisieren und nochmals den Aufbaueffekt verdeutlichen.

Um eine solche Tiefendosiskurve zu erhalten, wird ein im Phantom transversal angeordneter Kodak X-OMAT, mit einem homogenen Feld der Größe 10 x 10 cm, bestrahlt. Der Film befindet sich im Isozentrum, d.h. er wird durch den Zentralstrahl des Feldes belichtet. Nach der Belichtung folgen Dosismessungen mithilfe einer Ionisationskammer an drei Positionen der betreffenden Transversalschicht.

Diese Messungen wurden anhand eines 6 MeV und eines 15 MeV Feldes durchgeführt. Die Filme sind im Folgenden dargestellt.

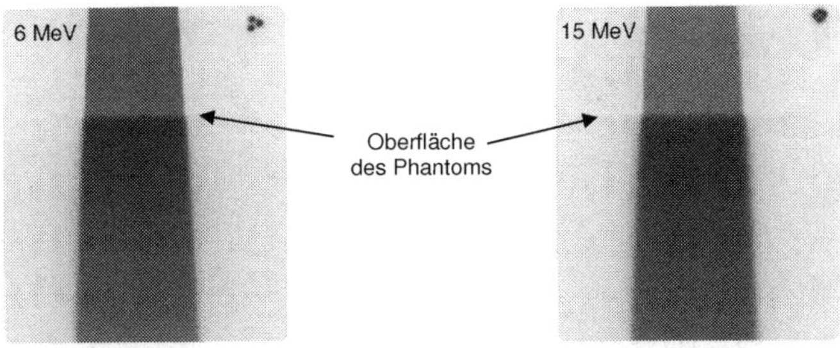

Abbildung 27: Filmscans Tiefendosiskurven homogenes 10 x 10 cm Feld

Auf den Filmen ist deutlich der Übergang von Luft zum Phantom anhand der Grauwertverteilung erkennbar. Direkt unterhalb der Oberfläche ist eine starke Schwärzung des Films zu sehen, die durch den Aufbaueffekt (siehe 2.1.4. Aufbaueffekt) verursacht wird. Dieser verursacht ein deutliches Maximum im Material, wobei dessen Lage einerseits vom Werkstoff und andererseits von der Photonenenergie abhängt.

Die folgenden Tiefendosiskurven verdeutlichen die Aussage der Filme nochmals. Die Profile wurden in das Zentrum der Beams gelegt. In der nachstehenden Abbildung ist sowohl der Dosisverlauf des Plans als auch der des Films eingezeichnet.

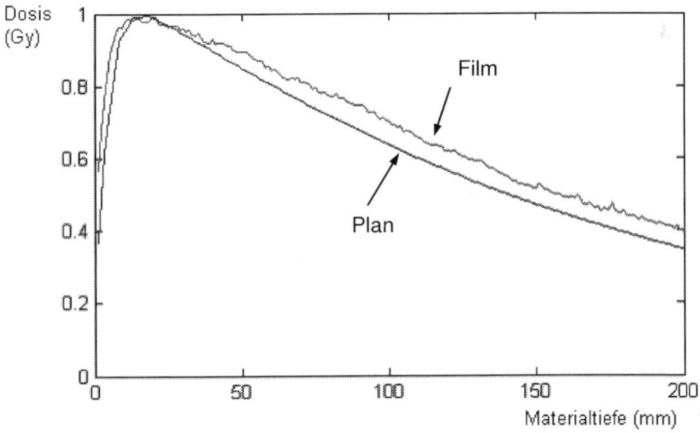

Abbildung 28: Tiefendosiskurven bei 6 MeV

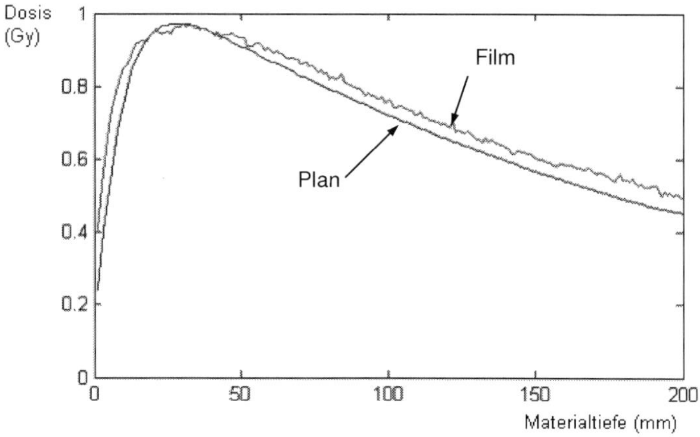

Abbildung 29: Tiefendosiskurve 15 MeV

Es sind zwar Abweichungen zu erkennen. Diese liegen allerdings im Bereich des annehmbaren.

6. Bewertungskriterien

Um eine Qualitätssicherung durchführen zu können, müssen Kriterien gefunden werden, die eine Aussage über den Grad der Übereinstimmung von Bestrahlungsplan und tatsächlichem Bestrahlungsfeld ermöglichen.

Um das Ähnlichkeitsmaß zweier Bilder zu ermitteln, wird in diesem Fall unter anderem der Mutual Information Index (MI) herangezogen. Der MI betrachtet die Pixelwerte als stochastische Größen und nutzt dies, um die statistische Abhängigkeit korrespondierender Pixel zweier Bilder zu beschreiben.

In Kombination mit dem Differenzverfahren und den Profilen stellt der Mutual Information Index das hier verwendete Beurteilungskriterium dar.

In den nachfolgenden Ausführungen werden die Verfahren erklärt und ein Beispiel in Kapitel 7 verdeutlicht die Anwendung der Methoden.

6.1. Mutual Information Index

Der Mutual Information Index ist ein intensitätsbasierter Registrierungsalgorithmus, der sich die Entropie zunutze macht
[13]. Der Begriff der Entropie stammt ursprünglich aus der Thermodynamik und beschreibt die Unbestimmtheit eines Systems.

Bei einer Übertragung der Entropie auf die Informationstheorie oder im Speziellen auf die Bildverarbeitung beschildert sie die Unordnung und damit den Informationsgehalt von Datensätzen. Dieser darf, wie das folgende Beispiel verdeutlicht, nicht subjektiv auf die Nachricht der Information bezogen werden. Beide Anordnungen besitzen einen äquivalenten Informationsgehalt trotz unterschiedlicher Anordnung.

Abbildung 30: Matrizen mit äquivalentem Informationsgehalt

Die Entropie kann ebenfalls anhand von Wahrscheinlichkeiten veranschaulicht werden.

Abbildung 31:Matrizen mit unterschiedlichem Informationsgehalt

Die linke Anordnung beinhaltet für den Betrachter keinen neuen Informationsgehalt pro Segment. Folgt ein weiteres Zeichen, so besteht eine hohe Wahrscheinlichkeit, dass erneut ein gleichfarbiges Pixel auftritt. Die zweite Nachricht vermittelt dem Betrachter eine deutlich höhere Information, da sich der Informationsgehalt von Pixel zu Pixel ändert. Pro Element liegt somit ein Informationszuwachs vor und damit eine geringe Wahrscheinlichkeit für eine Informationswiederholung.

Ein anwachsender Informationsgehalt führt zu einer Erhöhung der Entropie. Im Gegensatz dazu verursacht eine hohe Auftrittswahrscheinlichkeit einer Information eine geringe Entropie [14].

Der MI berechnet sich aus den Einzelentropien (Marginal Entropy) und der gemeinsamen Entropie (Joint Entropy) zweier Bilddaten.

6.1.1. Marginal Entropy

Die Marginal Entropy beschreibt die Unordnung eines einzelnen Bildes. Die Berechnung der Marginal Entropy basiert auf der Ermittlung der Grauwert-Wahrscheinlichkeiten p{n} bzw. p{m}, dabei handelt es sich bei m bzw. n um die jeweiligen Pixelwerte von Bild 1 bzw. Bild 2. Für die Berechnung des MI ergibt sich die Marginal Entropy der betreffenden Bilddaten aus:

$$H(N) = -\sum_{n \in N} p\{n\} \cdot \log(p\{n\}) \qquad (6.1)$$

$$H(M) = -\sum_{m \in M} p\{m\} \cdot \log(p\{m\})$$

Mittels der Wahrscheinlichkeiten für einen bestimmten Grauwert im Bild ist es bereits möglich, über das Vorkommen von Regionen mit gleichen Pixelwerten zu urteilen. Gesetzt den Fall, dass eine sehr hohe Wahrscheinlichkeit für einen bestimmten Grauwert auftritt, so lässt dies in den meisten Fällen, auf eine Fläche dieser Pixelwerte innerhalb des Bildes schließen. Treten alle Pixelwerte mit gleicher Wahrscheinlichkeit auf, resultiert daraus eine maximale Entropie des Bildes [13].

Zu beachten ist bei der Berechnung, dass der Logarithmus von Null nicht definiert ist. Dies tritt auf, falls ein Grauwert nicht im Bild existiert. Dafür gilt:

$$0 * \log(0) = 0 \qquad (6.2)$$

6.1.2. Joint Entropy

Mithilfe der Joint Entropy lässt sich eine Aussage über den Bezug zweier Bilder zueinander machen. Nach der Registrierung der Bilder wird die Wahrscheinlichkeit des Aufeinandertreffens zweier bestimmter Farbwerte betrachtet. Somit wird also zur Ermittlung der Joint Entropy ein 2D-Histogramm erstellt. Dabei handelt es sich um eine Histogramm-Matrix, bei der horizontal die Grauwerte des einen Bildes und vertikal des anderen Bildes aufgetragen sind.

Der Wert der betroffenen Grauwerte (m, n) wird pro Auftreten um eins erhöht. Zur Berechnung der Joint Entropy müssen daraus die Wahrscheinlichkeiten errechnet werden, d.h. es erfolgt eine Normierung des 2D – Histogramms.

$$H(M,N) = -\sum_{n \in N} \sum_{m \in M} p\{m,n\} \cdot \log(p\{m,n\}) \tag{6.3}$$

Liegen zwei optimal registrierte Bilder vor, so weist die Joint Entropy ein Minimum auf. Das Problem der alleinigen Berechnung der Joint Entropy beruht darauf, dass sie ebenfalls ein Minimum aufweist, sobald die Bilder sich nicht mehr überlappen. Deswegen wird zur Bildregistrierung der Mutual Information Index genutzt, der eine Kombination aus Marginal und Joint Entropie darstellt.

6.1.3. Mutual Information Index

Für den Fall, dass sich beide Bilder geringfügig überlappen, wird sowohl die Joint Entropy der Bilder, als auch die Marginal Entropy minimal. Es wird demnach eine Funktion gesucht, bei der sich eine minimale Joint Entropy und eine maximale Marginal Entropy als positiv erweisen.

Eine solche Funktion liefert der Mutual Information Index:

$$MI(M,N) = H(M) + H(N) - H(M,N) \tag{6.4}$$

Bei einer optimalen Registrierung weist der Mutual Information Index ein Maximum auf. Die Bedingungen dafür sind, dass die Einzelentropien maximal sind und die gemeinsame Entropie ein Minimum aufzeigt. Dafür werden die Bilder einerseits bestmöglich registriert (Joint Entropy), andererseits weisen sie die größtmögliche Überlagerung auf. Dies wird durch die Marginal Entropies hervorgerufen.

Ein großer Vorteil der Anwendung des Mutual Information Index liegt darin, dass beispielsweise keine Normierung notwenig und trotzdem eine hohe Genauigkeit gegeben ist.

6.1.4. Normalised Mutual Information Index

Ein Nachteil des Mutual Information Index liegt in der Berücksichtigung von nicht relevanten Bildanteilen, d.h. es werden nicht überlappende Bereiche der beiden Bilder für die Berechnung berücksichtigt. Darüber hinaus ist es schwer, den Wert des Mutual Information Index einzuordnen, da er von der Größe der Bilder, vom Bildinhalt, als auch von der Größe des überlappenden Bereichs abhängt. Um diese Abhängigkeiten zu minimieren, existiert der Normalised Mutual Information Index (NMI).

Dieser nimmt bei exakt übereinstimmenden Bildern maximal den Wert 1 an, wodurch die Einordnung der berechneten Werte erleichtert wird.

$$NMI(M;N) = \frac{H(M) + H(N) - H(M,N)}{H(M,N)} \qquad (6.5)$$

Ein Beispiel soll die Verfahrensweise des NMI verdeutlichen. Es bestehen zwei gleiche Bilder mit jeweils zwei möglichen Intensitätswerten.

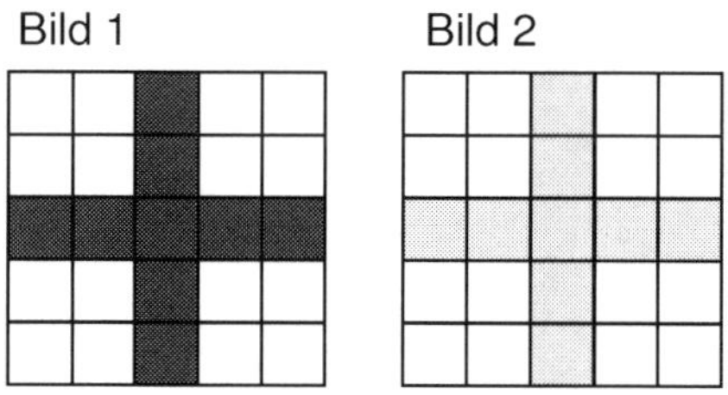

Abbildung 32: NMI Beispiel

Bei einer optimalen Registrierung der Bilder entsprechen sich die Einzelentropien aufgrund der gleichen Information der überlagerten Bilder.

Marginal Entropie $$H(M) = H(N) = -\left(\frac{9}{25}\cdot\log\left(\frac{9}{25}\right) + \frac{16}{25}\cdot\log\left(\frac{16}{25}\right)\right) = 0{,}6534$$

Daraus resultiert eine gemeinsame Entropie, die dem Wert der Einzelentropien entspricht.

Joint Entropie $$H(M,N) = -\left(\frac{9}{25}\cdot\log\left(\frac{9}{25}\right) + \frac{16}{25}\cdot\log\left(\frac{16}{25}\right)\right) = 0{,}6534$$

Hieraus folgt ein Normalised Mutual Information Index von NMI = 1.

In den nachstehenden Beispielen werden die Bilder gegeneinander verschoben. Dies führt zu veränderten Werten der Entropien und damit auch zu einem abweichenden

NMI. Die für die Berechnung relevante Matrix ist stets der Bereich, in dem sich die Matrizen überlagern.

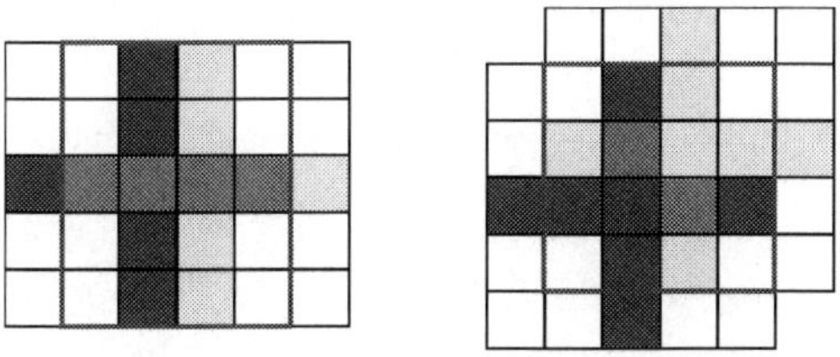

Abbildung 33: Beispiel NMI bei Verschiebung der Bilder gegeneinander

Für die oben abgebildeten Verschiebungen ergeben sich die folgenden Werte:

Marginal Entropy	$H(M) = 0{,}673$	$H(M) = 0{,}6853$
	$H(N) = 0{,}673$	$H(N) = 0{,}6853$
Joint Entropy	$H(M,N) = 1{,}3322$	$H(M,N) = 1{,}3335$
NMI	$NMI = 0{,}0104$	$NMI = 0{,}0279$

Tabelle 2: Berechnung der Entropien und des NMI für die oben aufgezeigten Beispiele

6.2. Profile

Nachdem die Registrierung von Plan und Film abgeschlossen ist und die entsprechende Grauwert-Dosis-Kalibrierung durchgeführt wurde, kann die Auswertung unter anderem mit Profilen beginnen. Anhand von Profilen ist eine Einordnung hoher Abweichungen möglich. Üblicherweise treten große Differenzen im Bereich von starken Dosisgradienten auf. Folglich ist es durch Profile möglich, Differenzen, die durch Gradientenunterschiede zwischen Plan und Film entstehen, zu erkennen und unter bestimmten Bedingungen von der Bewertung auszuschließen.

Zur Beurteilung der Daten werden dosisbezogene und auf einen Referenzpunkt normierte Profile herangezogen. Die letztgenannten beziehen sich auf die jeweilige Dosis im Zentrum des aus der Registrierung und Kalibrierung resultierenden Plans bzw. Films. In beiden Fällen wird zusätzlich die Differenz beider Profile dargestellt, die die Unterschiede der Film- und Planungsdaten verdeutlichen.

6.2.1. Dosisprofile

Zur Darstellung von Dosisprofilen besteht die Möglichkeit ein Profil beliebiger Geometrie und Lage in die Planungsmatrix zu legen. Das Planprofil und das entsprechende Filmprofil werden in einem Diagramm abgebildet.

Darüber hinaus ist es möglich, mehrere Profile definierten Abstandes entweder senkrecht oder waagrecht in die Planmatrix zu legen und in Diagrammen darzustellen. In einer weiteren Abbildung wird zusätzlich die Differenz beider Profile dargestellt.

6.2.2. Relative Profile

Im Bereich der Strahlentherapie werden Dosiswerte meist auf einen Referenzpunkt bezogen dargestellt. Aus diesem Grund ist es auch hier sinnvoll, diese Darstellung zu wählen. Hierfür werden sämtliche Dosen im Plan bzw. Film auf deren individuelle Dosis, d.h. geplante und gemessene, im Mittelpunkt der registrierten Dosismatrizen normiert. Dadurch wird bereits die Abweichung der gemessenen Dosis von der geplanten Dosis (meist ~±2%) vernachlässigt. Anschließend erfolgt eine Differenzdarstellung der Profile, die in Prozent angegeben wird.

6.3. Differenzverfahren

Befinden sich in den Bildern ausschließlich Dosiswerte, ist es möglich, die Filmmatrix vom Plan zu subtrahieren. Dadurch erhält man eine Aussage darüber, in welchen Bereichen die Dosismatrizen voneinander abweichen. Die Darstellung der Differenz erfolgt in Gray.

6.4. Abweichung

Die Betrachtung der Abweichung ist besonders in Bezug auf einen gesamten Bestrahlungszyklus interessant. Dafür wird angenommen, dass die gemessene Bestrahlung bis zum Abschluss der Behandlung exakt in dieser Dosisanordnung abgestrahlt wird und keinerlei Veränderungen auftreten.

Durch eine Benutzer - Abfrage werden während des Programmablaufs die Gesamtdosis im Referenzpunkt, d.h. hier im Isozentrum, und die dazugehörige Anzahl der Fraktionierungen ermittelt. Die Abweichungen sind prozentual auf die Referenzdosis bezogen, d.h. die Differenz (Plan - Film) wird zunächst mit der Anzahl der Fraktionierungen multipliziert und anschließend in Relation zur Dosis im Isozentrum gesetzt. Durch diese Verfahrensweise gelingt es, die Abweichungen der niedrigen Dosiswerte außerhalb des Zielvolumens und des Risikoorgans außer Betracht zu lassen bzw. geringfügig in die Bewertung mit einzubeziehen.

Während des Vergleichs werden die Werte der Differenz eines Behandlungszyklus in Prozent - Sparten eingeteilt, um die Auswertung zu vereinfachen.

Die Einteilung geschieht folgendermaßen:

Pixelwert der Differenz (% von Referenzdosis)	Neuer Pixelwert der lokalen Matrix
0 < pixelwert <= 1	1
1 < pixelwert <= 3	3
3 < pixelwert <= 6	6
6 < pixelwert <= 10	10
> 10	20

Tabelle 3: Einteilung Abweichung

Die oben aufgeführte Einteilung enthält sowohl positive als auch negative Werte, dies bedeutet, dass in der lokal erzeugten Matrix Pixelwerte im Bereich

$$-20 <= \mathit{Pixelwert} <= 20$$

auftreten.

Zusätzlich zu dieser Matrix wird eine weitere erzeugt, in der Abweichungsdaten normiert dargestellt sind und darüber hinaus mit der Kontur des Plans überlagert werden. Mithilfe dieser Darstellung lassen sich die Abweichungen gut lokalisieren und bewerten. Ferner vereinfacht dies eine eventuelle Suche nach Fehlerquellen.

Bei der Differenz und der Abweichung ist jedoch nicht nur die Größe der Diskrepanzen zu beurteilen, sondern auch die Lage. Große positive Differenzen außerhalb des Zielvolumens bzw. im Risikoorgan, das heißt eine niedrigere applizierte Dosis als geplant, sind eindeutig als annehmbar einzuordnen. Dies gilt allerdings nicht für die Dosis innerhalb des Zielvolumens. Innerhalb des Zielvolumens sind maximale Abweichungen von 6 % bzw. sehr kleinflächig von bis zu 10 % annehmbar Eine ebenfalls besondere Einschätzung gilt für die Gradienten am Rande der unterschiedlichen Volumina, die unter anderem von der Schrittweite der exakten Dosisberechnung des Plans beeinflusst werden.

Dies wird in den folgenden Kapiteln deutlich.

7. Richtwertermittlung

Bevor die Qualitätssicherung der intensitätsmodulierten Strahlentherapie beginnen kann, müssen Richtwerte vorliegen, mit denen es möglich ist, die Messwerte der IMRT zu kategorisieren. Diese Richtwerte wurden per konventioneller Bestrahlung aufgestellt. Dafür gilt selbstverständlich als grundlegende Voraussetzung, dass die Qualität der konventionellen Bestrahlung gesichert ist.

7.1. Mutual Information Index

Für die Richtwertermittlung wurde zunächst ein konventioneller Plan erstellt, abgestrahlt und mithilfe des Prostataphantoms, den Filmen (Kodak X-OMAT) und der Ionisationskammer gemessen.

Der hier dargestellte Plan wurde als txt - Datei aus dem Planungssystem exportiert und anschließend in Matlab dargestellt. Dabei ist unbedingt darauf zu achten, dass Plan und Film in einer Phantomschicht lokalisiert sind.

In diesem Fall berechnet der Algorithmus die Dosiswerte des Plans im Abstand von 5 mm. Die Auflösung der exportierten Matrix beträgt allerdings 1 mm, d.h. die nicht errechneten Dosiswerte werden durch Interpolation ermittelt.

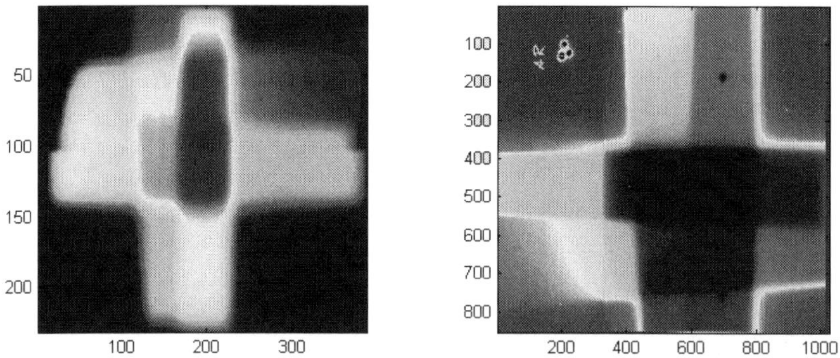

Abbildung 34: Plan (links) bzw. Film (rechts) nach dem Einlesen

Aufgrund der Gegebenheiten ist vor der Weiterverarbeitung zunächst eine Rotation und anschließend eine Angleichung der Auflösung notwendig.

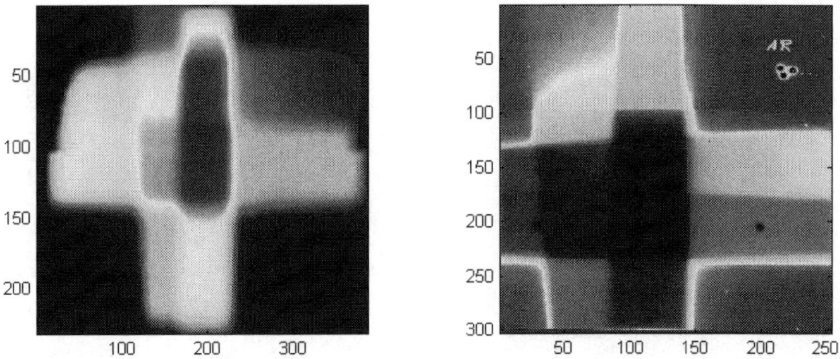

Abbildung 35: Plan und Film nach Rotation und Angleichen der Auflösung

Als nächster Schritt folgt die Bildregistrierung. Wie bereits in Kapitel 4 beschrieben, wird die Planposition mithilfe der Isozentrumkoordinaten zugewiesen. Dem Film werden die entsprechenden Koordinaten durch Markierungen geliefert, die auf der Benutzeroberfläche definiert werden. Anschließend besteht die Möglichkeit einen quadratischen Bereich auszuschneiden und für die Weiterverarbeitung zur Verfügung zu stellen. Der Mittelpunkt des Ausschnitts ist durch die, in der Ebene befindlichen, Isozentrumkoordinaten definiert.

In diesem Fall wurde eine Matrixgröße von 160 x 160 Pixel bzw. mm ausgewählt.

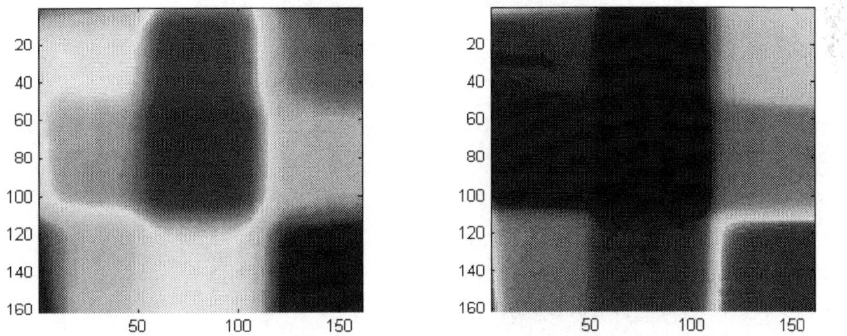

Abbildung 36: Plan und Film nach Matchen und Ausschneiden

Nach diesem Schritt ist die Berechnung des NMI, d.h. der Ähnlichkeit beider Bilddaten äußerst sinnvoll, da noch keinerlei Pixelwerte, durch z.B. Dosiskalibrierung, verändert wurden. Der NMI für diese Bilder beträgt: NMI = 0,309

Dieser Wert wurde durch weitere Messungen der konventionellen Bestrahlung überprüft und stellt für die Qualitätssicherung der IMRT einen Richtwert dar.

Damit eine Betrachtung von Profilen als sinnvoll erscheint, müssen die Grauwerte des Films in eine äquivalente Dosisverteilung umgerechnet werden. In diesem Fall wurde die Messung mithilfe eines Kodak X-OMAT aufgenommen und dementsprechend muss die Kalibrierung verlaufen.

Vor der Kalibrierung kann jedoch noch ein 2D - Histogramm der Datensätze erstellt werden. Diese werden zur Berechnung des NMI ermittelt und zeigen den Zusammenhang der Grauwerte beider Bilder (siehe: 6.1. Mutual Information Index). Die y – Achse sind die Pixelwerte des Films und auf der x – Achse die des Plans aufgetragen. In diesem Fall ergibt sich das Folgende 2D - Histogramm:

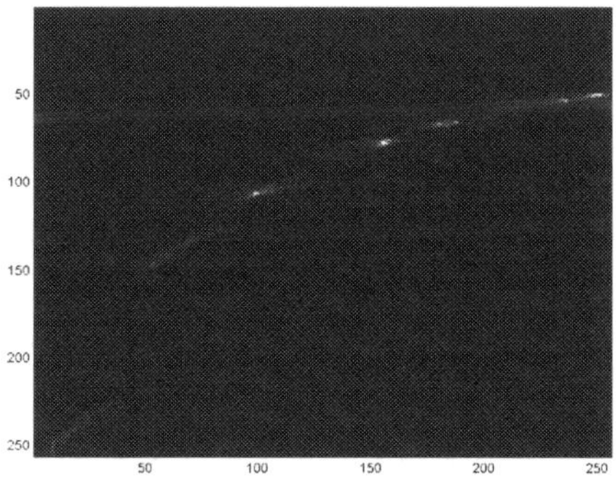

Abbildung 37: 2D-Histogramm von Plan und Film

Anschließend erfolgt die Dosiskalibrierung. Die gemessene Dosis beträgt 0,81 Gy gegenüber 0,83 Gy geplanter Dosis. Aus der Kalibrierung resultieren die nachstehenden Bilddaten:

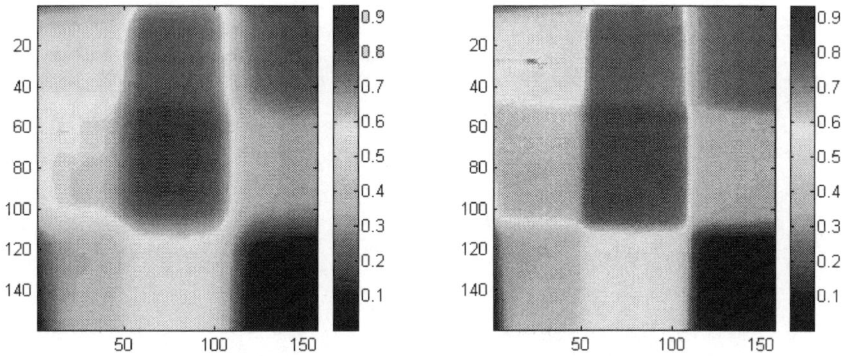

Abbildung 38: Plan und Film nach der Dosiskalibrierung

Plan und Film zeigen nach der Dosiskalibrierung eine große farbliche bzw. dosisbezogene Übereinstimmung. Eine erneute Berechnung des 2D-Histogramms ergibt den folgenden Zusammenhang. Ein ideales 2D – Histogramm, d.h. von übereinstimmenden Bildern, würde eine exakte Diagonale ohne Streuanteile aufzeigen.

Abbildung 39: 2D-Histogramm nach der Dosiskalibrierung

Das 2D-Histogramm zeigt im Gegensatz zum vorigen bereits eine große Übereinstimmung der entsprechenden Dosiswerte, da die Einträge diagonal angeordnet sind. Diese Interpretation wird anhand der Profile bestätigt.

7.2. Profile

Nachdem die Dosiskalibrierung erfolgreich abgeschlossen ist, kann die Auswertung mittels Profilen beginnen. Es besteht die Möglichkeit ein beliebiges Dosisprofil in die Planungsmatrix zu legen. Bei dem folgenden Profil handelt es sich um ein diagonales Profil, das vom Nullpunkt diagonal in die untere rechte Ecke des Bildes verläuft.

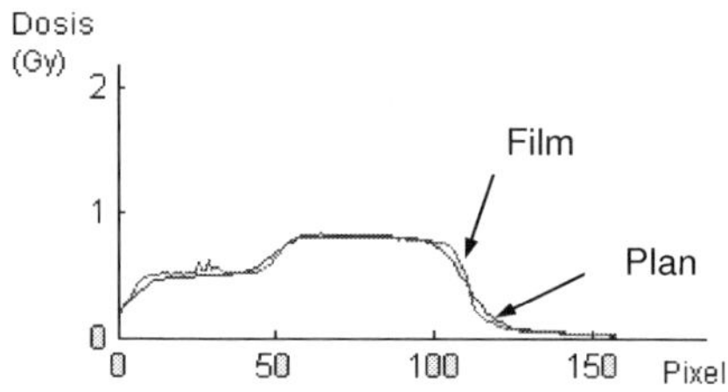

Abbildung 40: diagonales Profil

Das Einzelprofil entspricht mit seinen geringfügigen Abweichungen den Anforderungen der Richtlinien. Jedoch ist eine Aussage über die Gleichheit von Plan und Film anhand eines einzigen Profils nicht zu tätigen.

Aus diesem Grund ist es möglich, mehrere Dosisprofile bzw. normierte Profile inklusive deren Differenzen darzustellen. Diese sind allerdings ausschließlich in waagrechter bzw. senkrechter Ausrichtung verfügbar. Der Abstand der festgelegten 9 Profile kann ebenso wie die Koordinaten des Start- bzw. Endpunktes frei gewählt werden.

In den folgenden Darstellungen sind die waagrechten Dosisprofile und die entsprechenden Differenzen abgebildet. Das erste Profil zeigt die Dosiswerte in Reihe 20. Bei den weiteren Profilen wird der Abstand jeweils um 15 Pixel zum Ausgangsprofil erhöht.

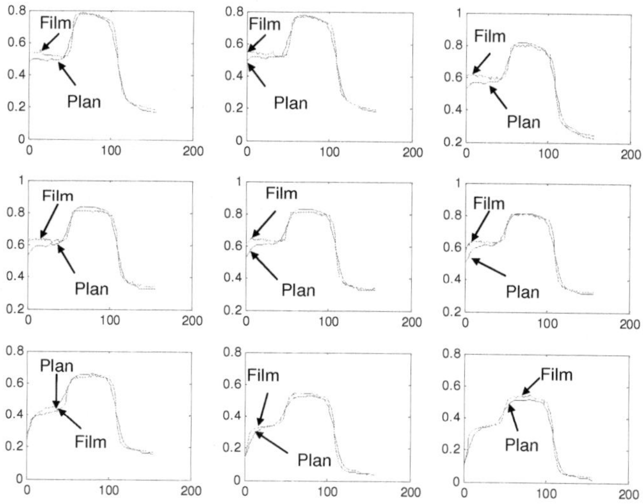

Abbildung 41: Dosisprofile (waagrecht)

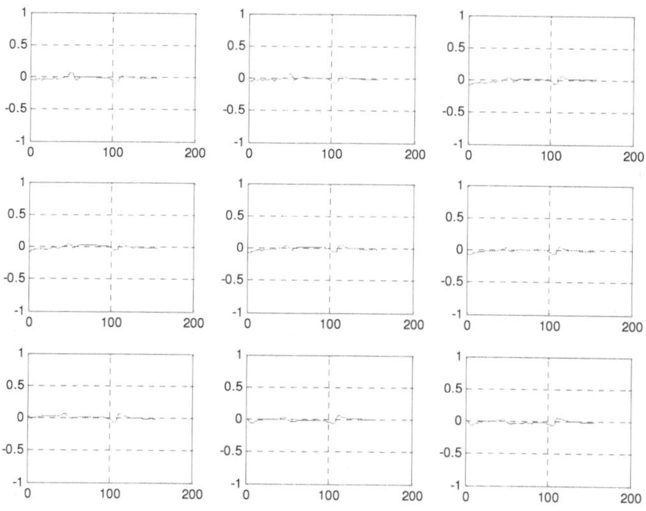

Abbildung 42: Differenz der Dosisprofile (waagrecht)

Das Betrachten der Profile und deren Differenzen lässt ein positives Urteil zu, jedoch ist anhand dieser Profile eine Entscheidung bezüglich der Durchführbarkeit der Bestrahlung nicht möglich. Die Darstellung der Profile in Dosiswerten gibt auf den ersten Blick keinerlei Auskünfte darüber, inwieweit die bestrahlte Dosis von der geplanten prozentual abweicht.

Um prozentuale Abweichungen zu verdeutlichen, werden die Bildmatrizen auf den Dosiswert ihres Zentrums normiert. Bereits durch diesen Vorgang werden eventuelle leichte Messabweichungen von der Bewertung ausgeschlossen. Es fließt unter diesen Bedingungen ausschließlich das Verhältnis der Dosiswerte zu den Normierungswerten in die Bewertung ein. Die Differenz der Profile wird in Prozent dargestellt.

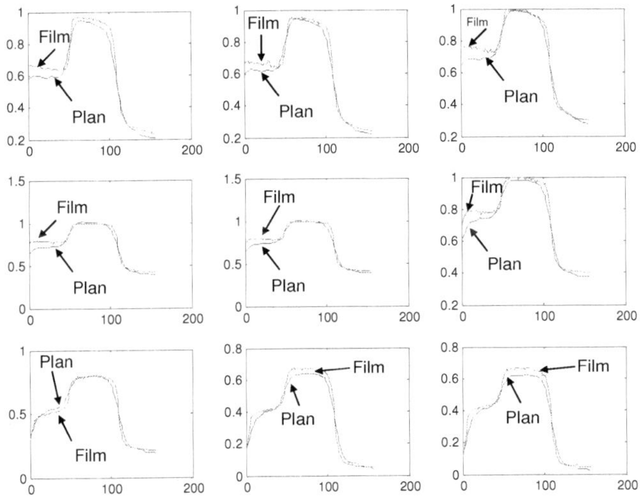

Abbildung 43: normierte senkrechte Profile und deren prozentuale Differenz

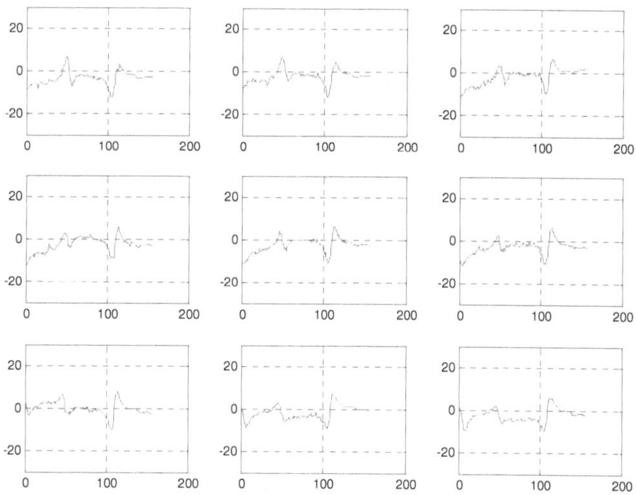

Abbildung 44: Differenz der normierten Profile (waagrecht)

Diese Darstellung zeigt deutlich höhere Abweichungen, die teilweise bis zu 10 % Abweichung zwischen den normierten Werten betragen. Bei einer genaueren Betrachtung der normierten Profile fällt allerdings auf, dass diese Abweichungen hauptsächlich in den Übergängen zwischen Dosisplateaus auftreten. Vermutlich werden diese durch die ungenaue Berechnung der Planungsmatrix und der daraus resultierenden Abweichung der Dosisgradienten hervorgerufen (siehe: 4. Registrierung der Bilddaten).

7.3. Differenz

Um einen Gesamteindruck der Abweichung zu erhalten, kann zusätzlich die Differenz der gesamten Bilder errechnet werden. Ihre Darstellung erfolgt in Gray.

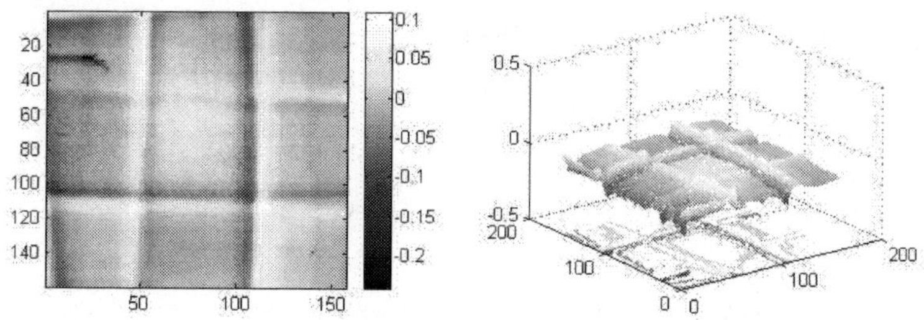

Abbildung 45: Differenz Plan - Film (2D- und 3D-Darstellung)

Diese Abbildung unterstreicht die Aussage der Profile, dass höhere Differenzen an den Übergängen der Dosisplateaus auftreten. Bei genauerer Betrachtung beider

Bilddaten sind in diesen Bereichen, wie bereits erwähnt, unterschiedliche Dosisgradienten für die auftretende Differenz verantwortlich. Eine weitere hohe Abweichung ist oben links in der Matrix erkennbar. Diese wurde durch eine Falte im Film verursacht und simuliert eine nicht plangetreue Bestrahlung. Anhand der waagrechten Profile ist diese Abweichung nicht nachweisbar, während die Differenz diesen Fehler belegt. Dies betont das Zusammenspiel der einzelnen Qualitätskriterien.

Ferner werden die Bildmatrizen jeweils mit Konturen der Differenz und gegensätzlich mit der Kontur des Plans bzw. Films überlagert und dargestellt. Das bedeutet, dass der Film einerseits mit der Differenzkontur und in einer weiteren Darstellung mit der Plankontur überlagert wird. Dies vereinfacht eine Einschätzung der Fehlerquellen.

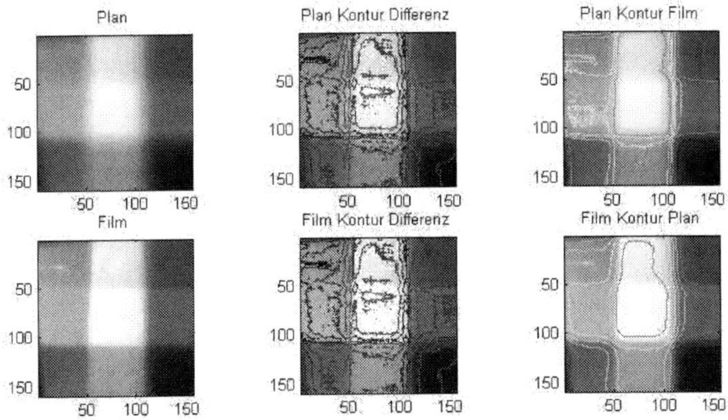

Abbildung 46: Differenz Konturdarstellung

Grundsätzlich lässt sich anhand der obigen Abbildung feststellen, dass die Isodosenverteilungen bis auf die Übergangsbereiche übereinstimmen. Auffällig bei den Bildern sind die deutlich unterschiedlichen Dosisgradienten, die durch unterschiedliche Abstände der Isodosenlinien illustriert werden.

7.4. Abweichung

Wie bereits in den vorigen Abbildungen zu sehen, existieren deutliche Differenzen am Rand des Zielvolumens, die durch unterschiedliche Dosisgradienten verursacht werden. Eine Darstellung der prozentualen Abweichung verdeutlicht die Bedeutung der Differenzen nach einem kompletten Behandlungszyklus. In diesem Fall wurde der Zyklus auf eine Gesamtdosis von 8,3 Gy im Zentrum der Planungsdaten definiert, der über 10 Fraktionen verabreicht wird. Die prozentuale Abweichung bezogen auf die Gesamtdosis ergab die folgenden Daten.

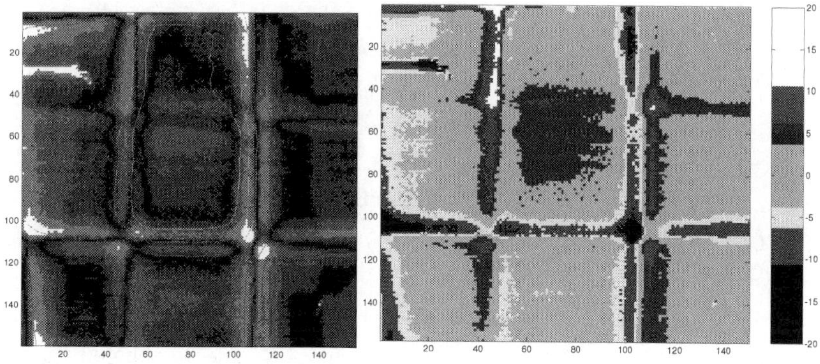

Abbildung 47: prozentuale Abweichung bezogen auf die Referenzdosis mit und ohne Plankontur

Diese Darstellung unterstreicht die bisherigen Ausführungen. Es existieren ausschließlich am Rand der Plateaus hohe Abweichungen, die durch unterschiedliche Dosisgradienten hervorgerufen werden. In der linken Abbildung wird dies nochmals verdeutlicht. Die Differenzen sind meist eindeutig in den Zwischenräumen der Isodosenlinien lokalisiert.

Die mittig gelegenen Abweichungen erscheinen in dieser Abbildung zwar als nicht annehmbar, jedoch die Betrachtung der Profile widerlegt diese Aussage.

7.5. Interpretation der Messung

Die Richtwertermittlung der konventionellen Strahlentherapie ist somit abgeschlossen und gilt als Grundlage für die folgende Qualitätssicherung der IMRT. Diese Messung verdeutlicht, dass auch die konventionelle Bestrahlung Abweichungen aufzeigt, die beispielsweise auf nicht exakte Berechnungen der exportierten Planungsdaten (Gradienten), eine ungenaue Dosiskalibrierung des Films oder durch systematische Messfehler zurückzuführen ist.

8. Anwendung der Qualitätssicherung

Bevor die IMRT Qualitätssicherung, die im Zentrum des Interesses steht, anwendbar ist, wurden, wie bereits beschrieben, zunächst Richtwerte durch konventionelle Bestrahlung bestimmt. Bevor die Qualitätssicherung eines Patientenplans erfolgt, wird zunächst ein idealisierter Bestrahlungsplan erstellt und überprüft.

8.1. IMRT - Planung am idealisierten Patienten

Um einige Fehlerquellen während der Bestrahlung ausschließen bzw. direkt identifizieren zu können, wird eine Bestrahlung am idealisierten Patienten vorgenommen. Das bedeutet, dass die für die Planung relevanten Organe, in diesem Fall Prostata und Rektum, im Plan des selbst konstruierten Prostataphantoms als Zylinder eingezeichnet werden. Das eigentliche Zielvolumen resultiert, wie in der folgenden Abbildung zu erkennen ist, aus dem Prostatazylinder unter Ausschluss des Rektumzylinders. Zusätzlich wird um das Zielvolumen ein Sicherheitssaum, der so genannte Margin gelegt. Dieser sorgt einerseits für eine niedrigere Dosis im Risikoorgan, des Weiteren für eine verbesserte Berechnung der Segmentierung und damit eine geringere Segmentanzahl pro Beam.

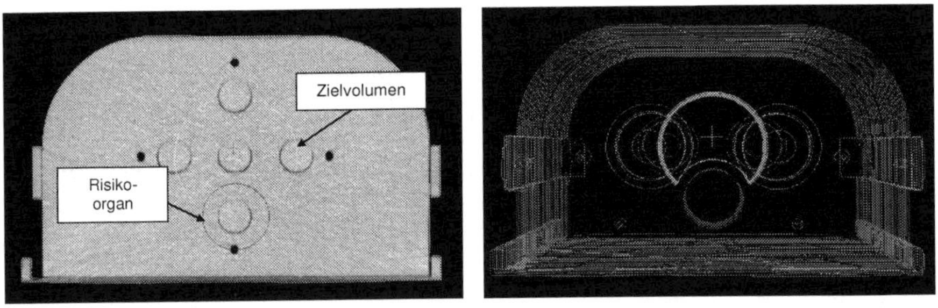

Abbildung 48: Zielvolumen und Risikoorgan Darstellung in einer CT-Schicht und 3D - Konturabbildung

Bevor die Iterationen während der Planung durchgeführt wird, müssen Dosiswerte für die betreffenden Volumina eingegeben werden. Zu beachten ist dabei, dass für einen gesamten Bestrahlungszyklus geplant wird, also für eine Prostata-Gesamtdosis von 72 Gy im Referenzpunkt, die über 40 Fraktionen verabreicht wird. Bei einer Fraktion wird demnach eine Dosis von 1,8 Gy abgestrahlt, die eine Verwendung des Kodak EDR2 (Empfindlichkeit: 0,2-7 Gy) notwendig macht.

Es wurden die folgenden üblichen Grenzwerte bzw. Bestrahlungsdosen gewählt:

Organ	Beschreibung	Dosis (Gy)	
Rektum	OAR	Maximal	60
Prostata	Target	Maximal	78
		Goal	75
		Minimal	72

Tabelle 4: Dosisangaben für die IMRT - Planung

Nach der Iteration besteht die Möglichkeit, die Anzahl der Intensitätslevel zu begrenzen und die minimale Segmentgröße anzugeben, wodurch die resultierende Segmentierung sich deutlich verändern lässt. In diesem Fall wurden mit einer minimalen Segmentgröße von 2 cm und maximale 5 Intensitätslevel die folgenden Parameter errechnet. Im Planungssystem werden zusätzlich zu den Angaben der Feldsegmente die entsprechende Anzahl der Monitor Units (MU) aufgeführt.

Beam	Anzahl der Segmente pro Beam	Monitor Einheiten (MU)
1	6	54
2	6	84
3	4	68
4	5	68
5	7	78
6	4	65
7	7	92

Abbildung 49: Angaben der MU pro Beam

Eine erste Beurteilung der Durchführbarkeit des Plans kann anhand der segmentierten Isodosendarstellung getroffen werden. Ein abschließendes Urteil über die Umsetzbarkeit kann erst durch die, in einem weiteren Planungsschritt berechnete, Dosisverteilung getroffen werden. Danach ist es allerdings nicht mehr möglich IMRT - Parameter, wie beispielsweise die minimale Segmentgröße, zu verändern. Es ergibt sich die nachstehende Isodosenverteilung in der transversalen Schicht des Isozentrums. Am Rand von Abbildung 50 sind mehrere Planungsparameter aufgeführt, wie beispielsweise der Normpunkt auf den die Dosisberechnung zurückzuführen ist.

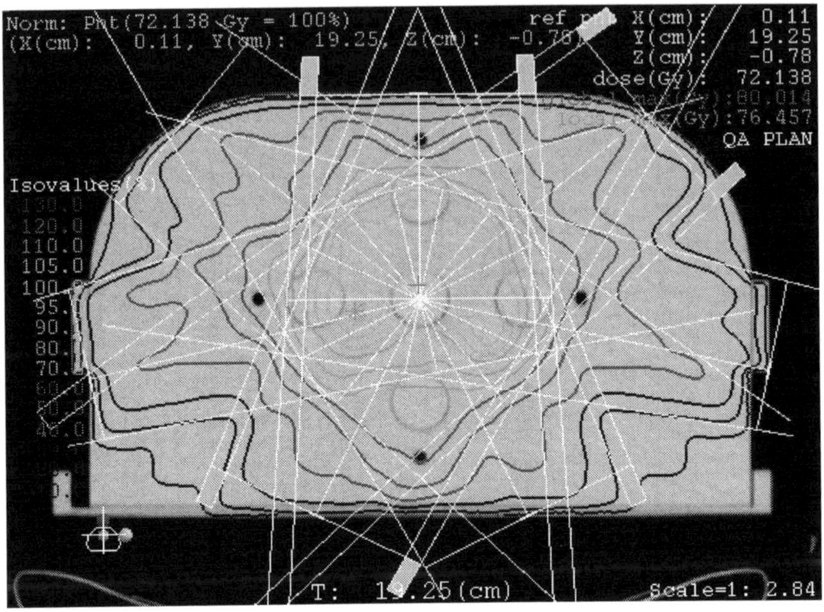

Abbildung 50: resultierende Dosisverteilung am idealisierten Patienten

Die Isodosenverteilung wird nach Abschluss der Planung als Text-Datei exportiert, um sie nach den Messungen für die Qualitätssicherung zu verwenden.

8.1.1. Transversale Schicht Isozentrum

Die Messungen werden erneut mit einem Film (Kodak EDR2) und einer Ionisationskammer durchgeführt. Der Film wird in einer transversalen Schicht des Phantoms platziert und auf das Isozentrum ausgerichtet. Vor der Messung wird mit der Anstechnadel die Lage der übrigen Koordinaten des Isozentrums auf dem Film eindeutig definiert. Es ergab sich die nachfolgende Grauwertverteilung.

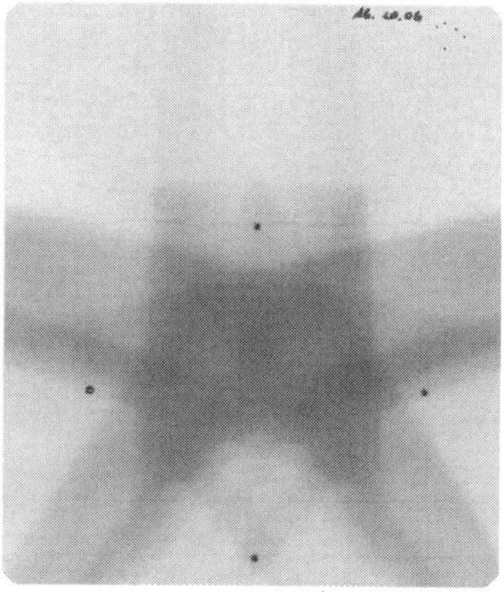

Abbildung 51: Filmaufnahme idealisierter Patient (Transversalschicht im Isozentrum)

Nachdem die Filmdosimetrie abgeschlossen ist, wird zusätzlich mindestens ein Dosiswert gemessen. Bei der Wahl des Dosismesspunktes fällt die Entscheidung meist auf Messpunkte, in denen laut Plan höhere Dosen auftreten. Dies ist dadurch begründet, dass bei höheren Dosiswerten deutlich weniger Streuanteile und damit Abweichungen ins Gewicht fallen. Prinzipiell sind in diesem Fall mehrere Dosen, wie die Dosis im Isozentrum oder im Mittelpunkt des Rektums, von Interesse. Zusätzlich zu einer niedrigeren Dosis weist der Plan im Bereich des Rektums einen starken Dosisgradienten auf, wodurch geringste Verschiebungen der Messkammer zu veränderten Messwerten führen würden. Somit fiel die Wahl des Messpunktes, wie in den meisten Fällen auf das Isozentrum.

Geplante Dosis (Gy)	Gemessene Dosis (Gy)
1,8	1,77

Liegen beide Datensätze und der gemessene Dosiswert vor, kann die Auswertung mithilfe der Software durchgeführt werden. Nach der Registrierung ergeben sich die folgenden Bilddatensätze.

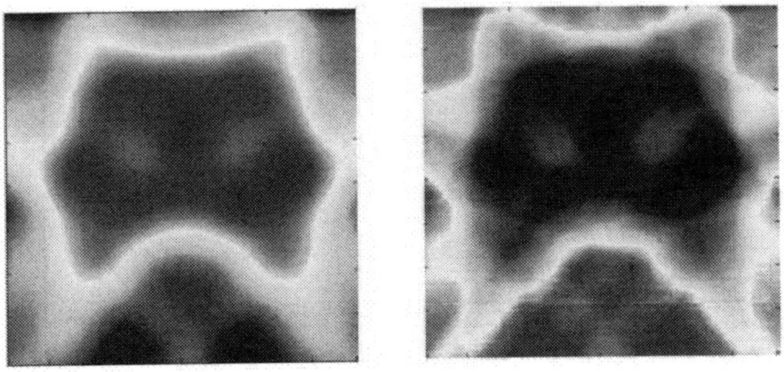

Abbildung 52: Plan (links) und Film (rechts) nach dem Registrieren

Bereits mit bloßem Auge ist eine deutliche Übereinstimmung beider Bilder zu erkennen, obwohl noch keine Dosiskalibrierung des Films (rechts) durchgeführt wurde. Eine Berechnung des Normalized Mutual Information Index ergibt einen Wert von:

NMI = 0,289

Bereits dieser Wert trifft eine positive Aussage über die Konformität beider Datensätze, da er nur geringfügig von den NMI - Werten konventioneller Bestrahlungen abweicht.

Um weitere Bewertungskriterien heranzuziehen, müssen die Grauwerte des Films in entsprechende Dosiswerte umgerechnet werden, woraus sich die nachstehende Darstellung ergibt.

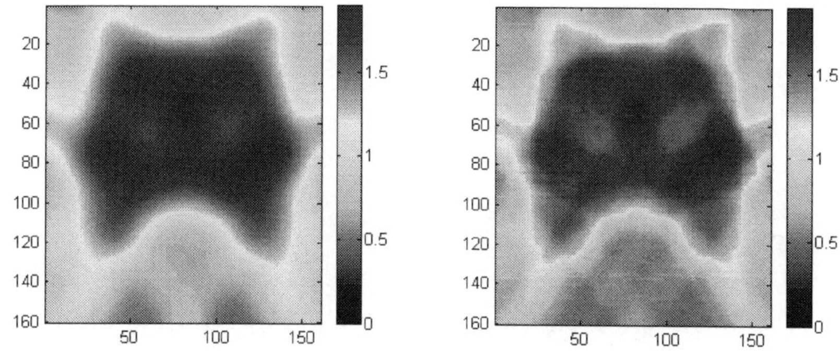

Abbildung 53: Plan (rechts) und Film (links) nach der Dosiskalibrierung

Auch diese Darstellung zeigt große Übereinstimmung zwischen Plan und Film.
Ein weiteres Qualitätskriterium stellen Profile dar. In der nachstehenden Abbildung sind senkrechte Dosisprofile und deren Differenzen aufgezeigt.
Das erste Diagramm zeigt die senkrechten Profile ab der Matrixkoordinate (20, 1). Die Schrittweite zum nächsten Profil (rechts) beträgt 15 Pixel, d.h. die Startkoordinate (35, 1).

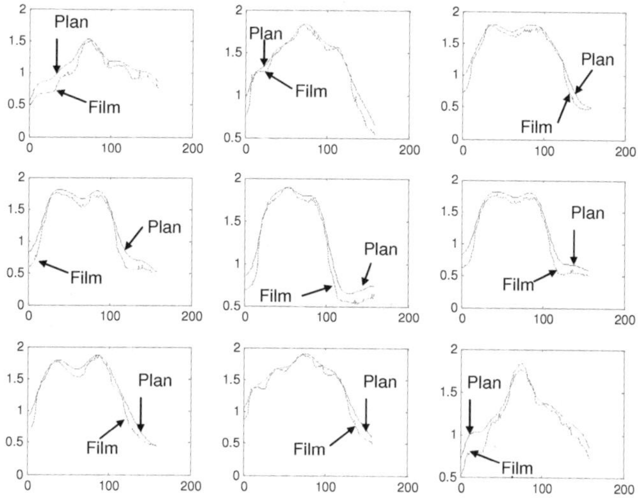

Abbildung 54: senkrechte Dosisprofile

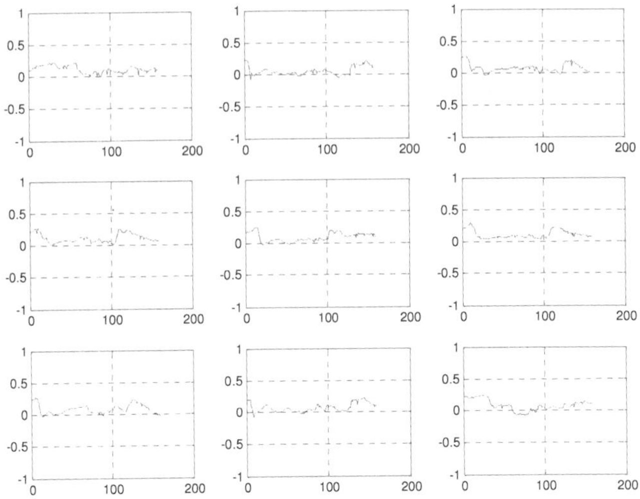

Abbildung 55: Differenzen der Dosisprofile (senkrecht)

Die senkrechten Profile zeigen teilweise Differenzen im Bereich bis zu 0,3 Gy auf. Ob diese Abweichungen trotzdem akzeptabel sind, entscheiden die übrigen Qualitätskriterien. Beispielsweise sind die Differenzen des ersten Profils annehmbar, wenn die Lage berücksichtigt wird. Das Profil liegt außerhalb des Zielvolumens und der Film zeigt eine geringere Dosis als geplant. Dies ist eindeutig positiv zu bewerten.

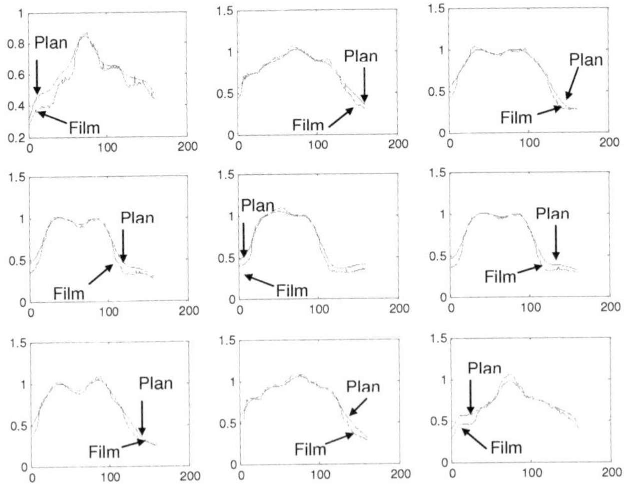

Abbildung 56: normierte Profile

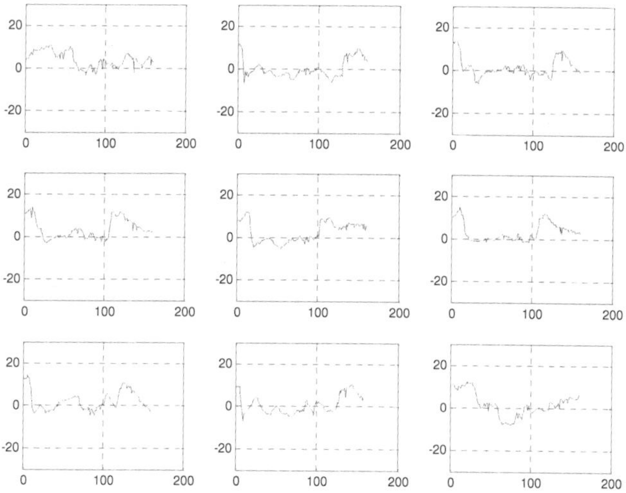

Abbildung 57: Differenz der relativen Profile

Die obige Darstellung belegt die Übereinstimmung der relevanten Dosisbereiche. Innerhalb des Zielvolumens entsprechen die Dosisverhältnisse den geplanten Werten und außerhalb des Zielvolumens liegen zwar hohe Abweichungen von bis zu +15 % vor, was allerdings, wie bereits erwähnt, als positiv gewertet wird.

Ein weiteres Kriterium stellt die Differenz beider Dosismatrizen dar.

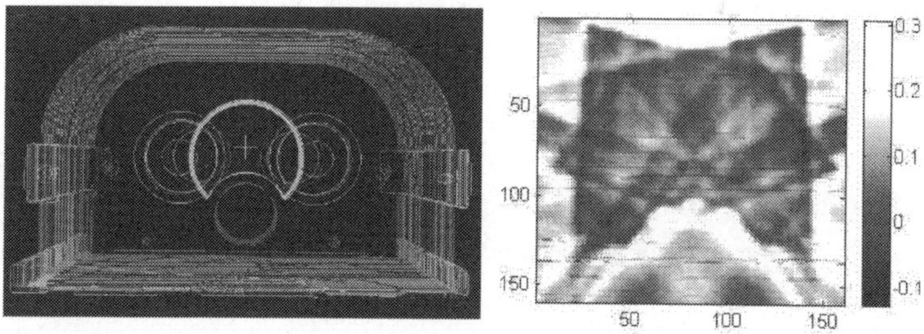

Abbildung 58: Konturdarstellung der Planvolumina und Differenz der Dosismatrizen

Ein Vergleich der Volumenkontur und der Differenz verdeutlicht die Übereinstimmung bzw. die als positiv zu bewertenden Abweichungen zwischen Plan und Film. Innerhalb des Zielvolumens liegt eine geringe Differenz von bis zu 0,1 Gy vor, d.h. von annehmbaren 5 %: Außerhalb des Zielvolumens und somit auch im Risikoorgan wurde der Film deutlich geringer bestrahlt, als geplant.

Diese Erkenntnisse unterstreicht nochmals die Darstellung der Abweichung.

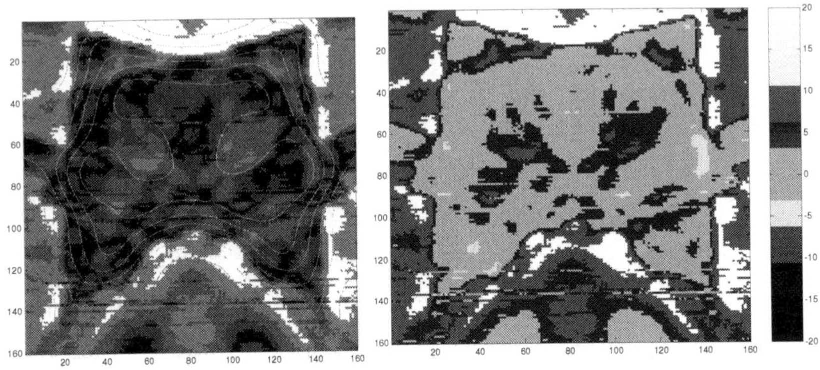

Abbildung 59: Abweichung mit und ohne Kontur des Plans

Die Abweichung ist wie unter Kapitel 6.4. beschrieben auf die geplante Referenzdosis bezogen. In diesem Fall beträgt die Gesamtdosis 72 Gy, die über 40 Fraktionen verabreicht wird. Innerhalb des Zielvolumens treten hauptsächlich Abweichungen in einem akzeptablen Bereich $(-3\% \leq Abweichung \leq 3\%)$ auf. Zusätzlich weist das Zielvolumen teilweise Abweichungen von 6%, die ebenfalls als annehmbar gelten, und sehr kleinflächige Abweichungen von bis zu 10 %. Die Abweichungen von 10 % treten wiederum im Bereich von Dosisgradienten auf, wie die obere Konturdarstellung verdeutlicht. Erscheinen diese höheren Abweichungen in solch geringem Maße und werden von Dosisgradienten verursacht, sind sie ebenballs zu akzeptieren.

Außerhalb des Zielvolumens zeigt der Film deutlich niedrigere Dosiswerte als geplant. An den Übergängen zwischen dem Zielvolumen und Regionen niedrigerer Dosen existieren Abweichungen von mehr als 10 % (weiß), die erneut durch unterschiedliche Dosisgradienten hervorgerufen werden und als positiv eingestuft werden.

8.1.2. Interpretation der Messung

Anhand der Qualitätskriterien fällt die Beurteilung dieser Bestrahlung deutlich positiv aus. Innerhalb des Zielvolumens schwanken die Dosiswerte in akzeptablen Bereichen. Eine Abweichung von 3 % resultiert nach der Gesamtbestrahlung in einer Differenz von 2,16 Gy, die durchaus annehmbar ist. Im Risiokoorgan sind ausschließlich positive Abweichungen > 6 % zu erkennen, d.h. dort tritt eine geringere Dosis auf als geplant. Da der Schutz des Risikoorgans in die Bewertung miteinbezogen wird, ist diese Gegebenheit ebenfalls als positiv zu bewerten.

8.2. IMRT - Planung am realen Patienten

Der letzte Schritt der IMRT - Einführung besteht in der Planung an einem realen Prostatapatienten. In diesem Fall wird ein 7-Feld Plan erstellt, d.h. der Patient wird aus 7 verschiedenen Gantrywinkeln bestrahlt.

Eine Änderung im Vergleich zur Qualitätssicherung am idealisierten Patienten besteht in der Anzahl der Messebenen. Da das Zielvolumen bzw. das Risikoorgan in jeder Phantomschicht andere geometrische Eigenschaften ausweisen, besteht die Notwendigkeit, den Bestrahlungsplan in mehreren Transversalschichten auf seine Richtigkeit zu überprüfen. In diesem Fall wurde in drei Ebenen per Film und Ionisationskammer gemessen.

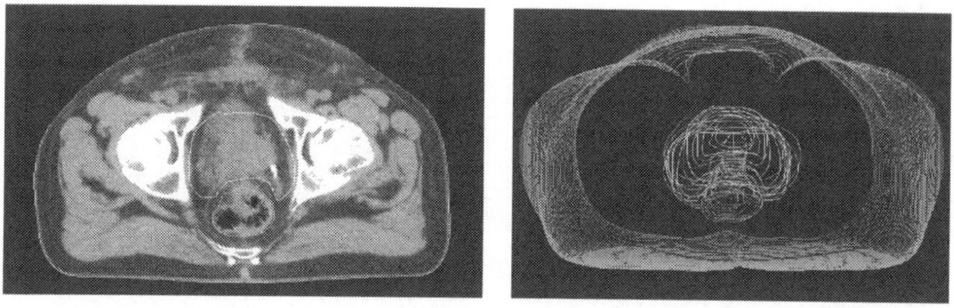

Abbildung 60: Konturen des realen Prostatapatienten in einer transversalen CT-Schicht und als 3D-Darstellung

Die IMRT - Planung am Patienten resultiert in der folgenden Isodosenverteilung.

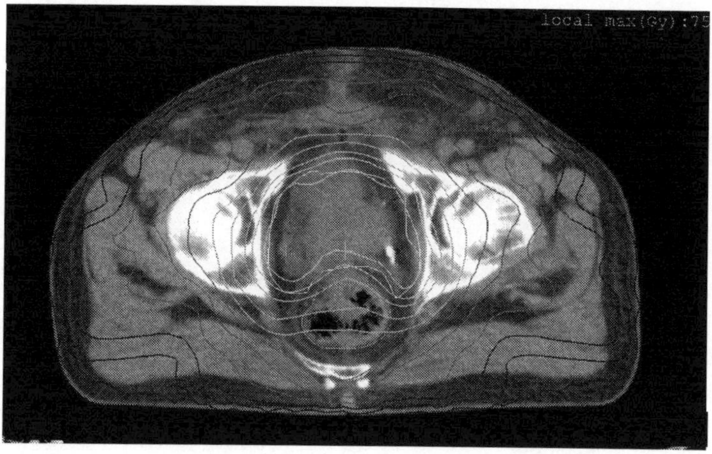

Abbildung 61: Plan des IMRT Prostata-Patienten

Ist die Planung am Patienten abgeschlossen, wird der Plan im Planungssystem auf das Phantom exportiert und an die Eigenschaften, wie zum Beispiel Materialdichte und Form, angepasst.

Das Überschneiden von Zielvolumen und Risikoorgan, das bei der Planung am Patienten durchaus vorkommt, verursacht partiell eine falsche Berechnung der Bestrahlungsparameter und damit einen nicht durchführbaren Bestrahlungsplan. Folglich müssen bereits die Zielvolumina und Risikoorgane für einen IMRT - Patienten entsprechend eingezeichnet oder abgeändert werden.

Wie in der obigen Abbildung (Abbildung 61) zu erkennen ist, werden Überschneidungen der Volumina verhindert und aus diesem Grund wird ein Margin um das Zielvolumen eingeführt. Nach der Iteration und der Segmentierung entsteht ein Bestrahlungsplan mit den Parametern:

Diskrete Intensitätslevel pro Beam: 5

Minimale Segmentgröße (cm): 1

Beam	Anzahl der Segmente pro Beam	Monitor Einheiten (MU)
1	9	80
2	11	113
3	7	104
4	8	73
5	9	80
6	6	79
7	9	95

Tabelle 5: Beam - Konfiguration des Bestrahlungsplans

Zu beachten ist besonders der Minimalwert der geplanten Monitoreinheiten. In diesem Fall ist aus dem Planungsreport ersichtlich, dass die minimale Anzahl der Monitoreinheiten 5 MU beträgt, was noch im linearen Bereich liegt. Der Minimalwert dürfte keinesfalls 3 MU unterschreiten, andernfalls würde dies zu großen Abweichungen von bis zu 10 % führen.

Die Berechnung der Planungsmatrix erfolgt in diesem Fall mit einer 1 mm Auflösung.

Die Isodosenverteilung zeigt die gewünschten Eigenschaften, wie beispielsweise eine nahezu symmetrische Dosisverteilung, wie die nachfolgende Abbildung bestätigt.

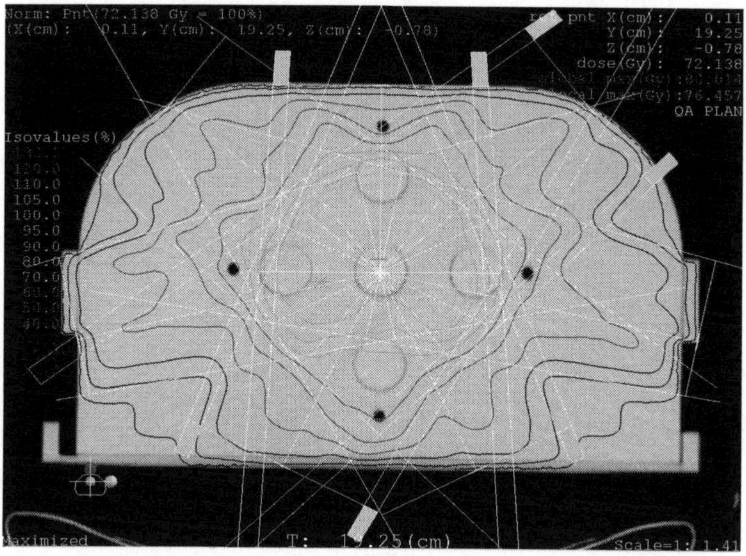

Abbildung 62: Isodosenverteilung der Planung am realen Patienten

Die Filmmessungen werden, wie zuvor erwähnt, in drei Transversalschichten durchgeführt. Die betreffenden Ebenen befinden sich im Isozentrum und jeweils ca. 2,5 cm vom Isozentrum in Richtung Kopf- bzw. Fußende entfernt.

Wie bereits bei der Planung am idealisierten Patienten beträgt die Gesamtdosis im Isozentrum 72 Gy fraktioniert auf 40 Fraktionen. Daraus ergibt sich eine geplante Dosis im Isozentrum von 1,8 Gy. Die anschließende Tabelle vergleicht die geplanten und gemessenen Dosiswerte im zentralen Messort der betreffenden transversalen Ebene.

Ebene	Geplante Dosis (Gy)	Gemessene Dosis (Gy)
Richtung Kopfende	1,73	1,699
Isozentrum	1,8	1,77
Richtung Fußende	1,55	1,53

Abbildung 63: Vergleich gemessene und geplante Dosen im zentralen Messzylinder der jeweiligen Schicht

8.2.1. Transversale Ebene Isozentrum

Die Ebene des Isozentrums stellt die interessanteste der gemessenen Schichten dar, da im Planungssystem sämtliche Berechnungen auf das Isozentrum bezogen werden. Die Dosismessung mithilfe einer Messkammer lieferte ein verwendbares und akzeptierbares Zwischenergebnis.

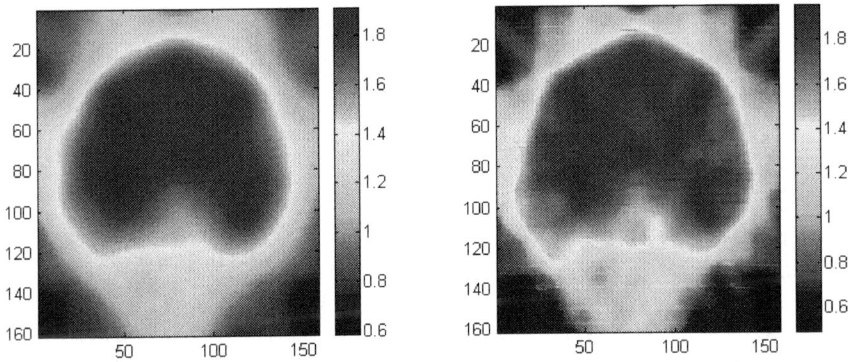

Abbildung 64: registrierte Daten der transversalen Ebene (Isozentrum); Plan (links), Film (rechts)

Mit bloßem Auge sind keine inakzeptablen Differenzen erkennbar. Um diesen Eindruck zu unterstreichen oder zu verwerfen, werden die Qualitätskriterien zu Rate gezogen.

Die Berechnung des NMI erfolgt nach der Registrierung und es resultiert daraus ein annehmbarer Wert von:

NMI = 0,278

Es folgt die Auswertung der Profile.

Die folgenden Profile sind lediglich ein Auszug der überprüften Daten. Die übrigen Profile unterscheiden sich nur geringfügig von den aufgezeigten.

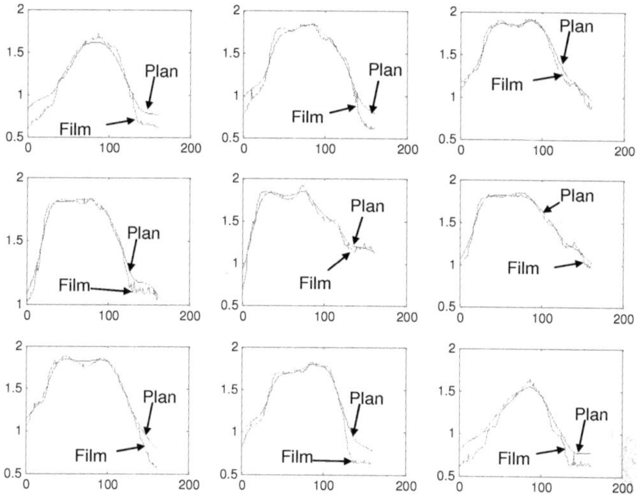

Abbildung 65: senkrechte Profile

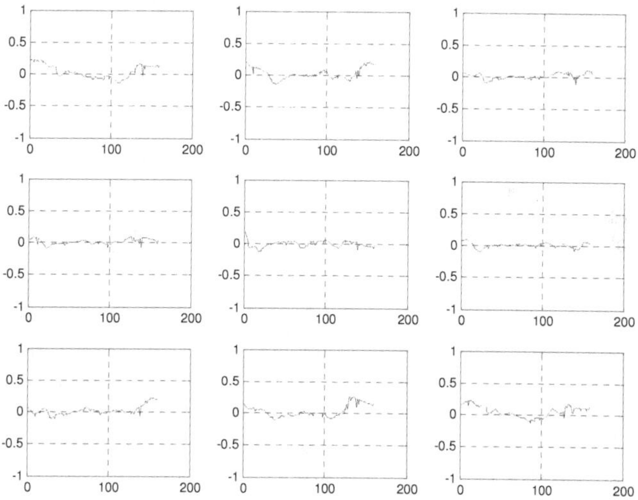

Abbildung 66: Profildifferenzen senkrecht

Die dargestellten Profile bestätigen die Aussage des NMI. Es sind keine hohen Differenzen außerhalb von Dosisgradienten vorhanden.

Die senkrechten normierten Profile unterstreichen diese Aussage.

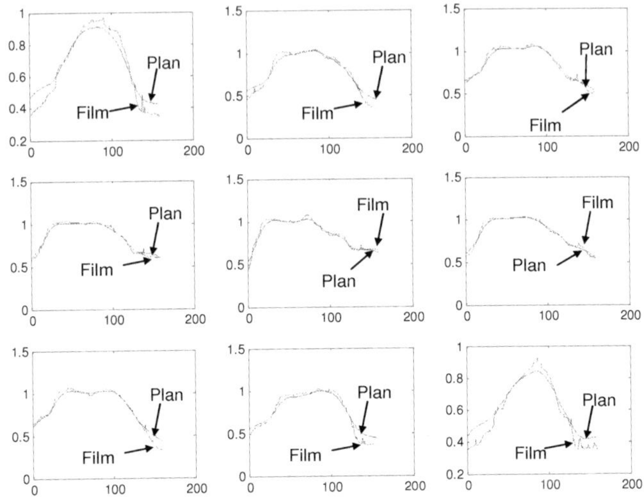

Abbildung 67: normierte Profile (senkrecht)

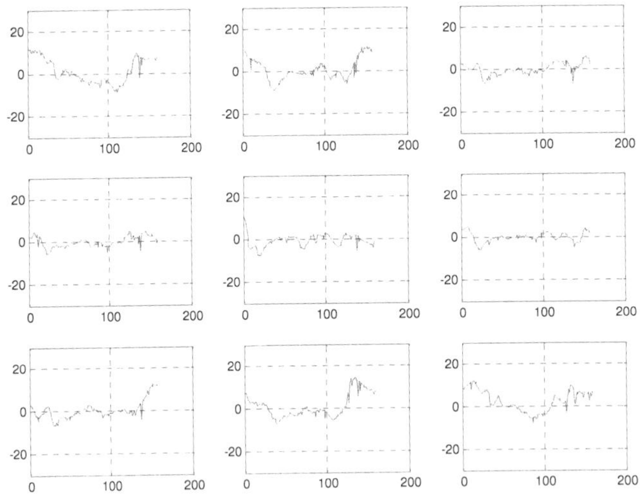

Abbildung 68: Differenz der normierten Profile

Die Differenzen der Relativprofile zeigen keine großen prozentualen Unterschiede zum Referenzwert außerhalb der Dosisgradienten bzw. innerhalb des Risikoorgans.

Die weitere Auswertung erfolgt mit der Differenz der Daten und der prozentualen Abweichung von der Gesamtdosis. Anhand dieser Kriterien ist eine Ausführung über die Lokalisation von auftretenden Differenzen möglich. Zunächst befasst sich die Auswertung mit der Differenz (Plan - Film), die die folgende Matrix ergibt.

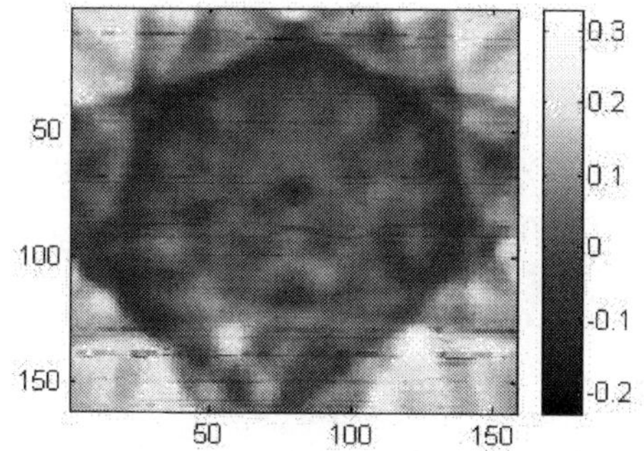

Abbildung 69: Differenz der Dosismatrizen

Diese Darstellung macht deutlich, dass der Film innerhalb des Zielvolumens in etwa mit der geplanten Dosis belichtet wurde, was ebenfalls für das Gebiet des Risikoorgans gilt. Außerhalb dieser Volumina wurde sogar deutlich weniger bestrahlt, als geplant. Dies wird als positiv gewertet, da das umliegende Gewebe dadurch geschützt wird. Dagegen fällt als negativer Aspekt die höhere Dosis am oberen Rand des Zielvolumens auf. Bei der Betrachtung der Profile wird der Zusammenhang entdeckt. Die angeblich zu hohe Belichtung wird ebenfalls durch die unterschiedlichen Dosisgradienten am Rand des Zielvolumens verursacht.

Die Konturdarstellung der Differenz verdeutlicht diese Aussage nochmals.

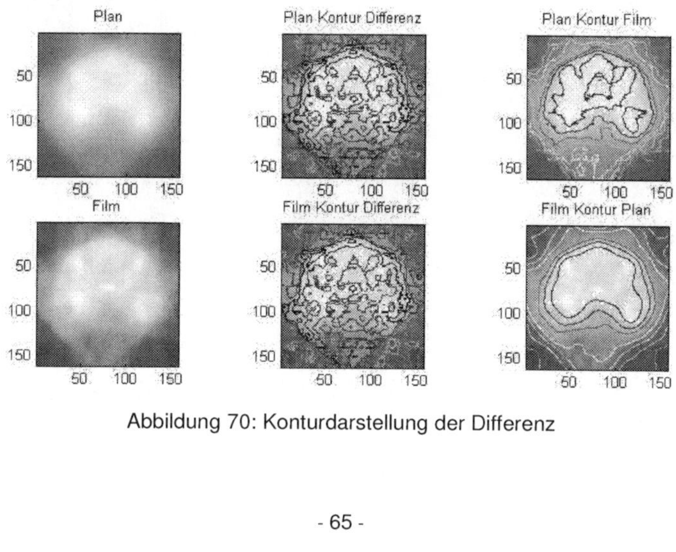

Abbildung 70: Konturdarstellung der Differenz

Die rechten Bilder belegen wiederholt die Ursache der Abweichungen am Rand der Dosisplateaus. In Plan und Film werden die Übergänge zwischen den Isodosisregionen mittels ungleicher Gradienten angegeben. Dies ist anhand der unterschiedlichen Abstände der Isodosenlinien erkennbar.

Als letztes Kriterium wird die prozentuale Dosisabweichung herangezogen. Sie demonstriert die Abweichung nach einem komplett durchgeführten Bestrahlungszyklus, d.h. in diesem Fall einer Gesamtdosis von 72 Gy verteilt über 40 Fraktionen im Referenzpunkt (hier: Isozentrum). Die prozentuale Abweichung ist auf den Referenzpunkt bezogen.

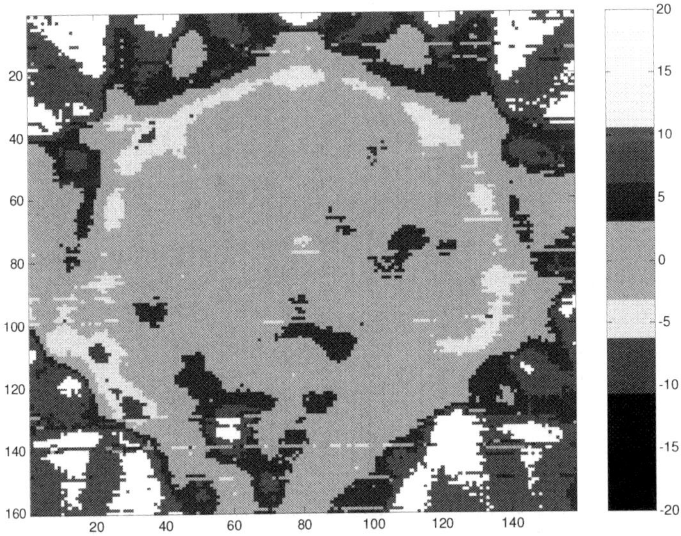

Abbildung 71: prozentuale Abweichung

Diese Darstellung illustriert wiederum die Aussage, dass im Zielvolumen keine inakzeptablen Abweichungen auftreten. Dies trifft ebenfalls auf das Risikoorgan zu, in dem sogar teilweise weniger Dosis auftritt als geplant.

Mittels der durchgeführten Qualitätssicherung lässt sich zusammenfassen, dass die Transversalschicht zwar partiell höhere Abweichungen zum Plan aufzeigt, aber diese entweder im Bereich des annehmbaren liegen, außerhalb der interessanten Gebiete oder durch unterschiedliche Dosisgradienten herbeigeführt werden.

Um einen Überblick über die Qualität des gesamten Plans zu erhalten, wird die Qualitätssicherung in weiteren zwei transversalen Ebenen durchgeführt.

8.2.2. Transversale Ebene Fußende

Diese transversale Ebene ist in ca. 2,5 mm Distanz vom Isozentrum in Richtung des Fußendes lokalisiert. Das Zielvolumen verkleinert sich in diesem Bereich und laut Plan tauchen exakt in dieser Schicht nur geringe Dosisschwankungen innerhalb des Zielvolumens auf.

In der folgenden Abbildung sind Plan und Film nach der Dosiskalibrierung zu erkennen.

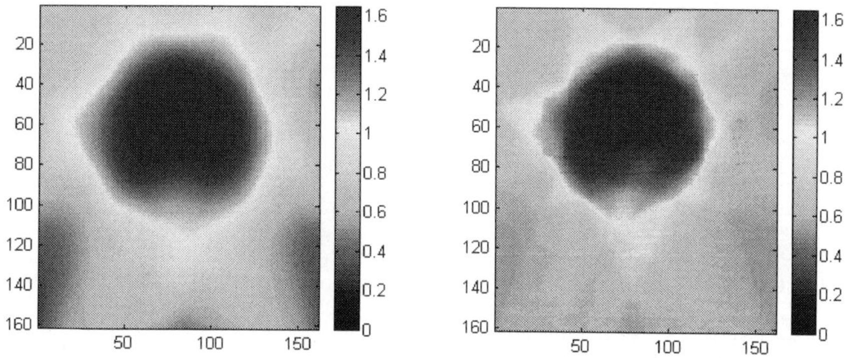

Abbildung 72: Dosismatrizen (Plan und Film) der Schicht in Richtung Fußende

Anhand dieser Darstellung sind bereits einige Abweichungen wahrnehmbar. Besonders im rechten unteren Bereich des Zielvolumens tritt im Film eine deutlich niedrigere Dosis als im Plan auf.

Der NMI weist einen Wert von

NMI = 0,268

auf. Ob diese Schicht den übrigen Anforderungen genügt, zeigen die anschließenden qualitätssichernden Maßnahmen. Es folgt eine Betrachtung der senkrechten Profile.

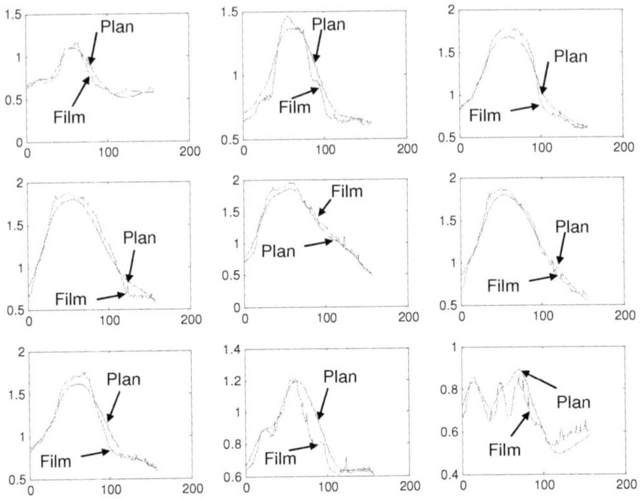

Abbildung 73: senkrechte Profile (Ebene Fußende)

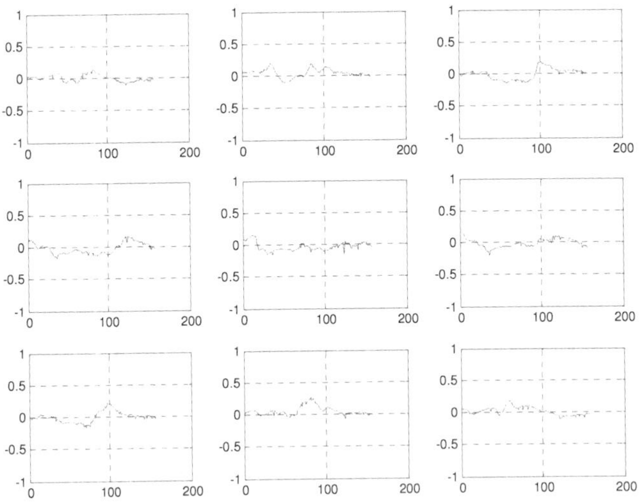

Abbildung 74: Differenzprofile (senkrecht)

Einige der oben aufgeführten Profile weisen außerhalb der Gradienten Dosisabweichungen auf. Je nachdem wo diese Abweichungen liegen, sind sie ein Hinderungsgrund für diesen Bestrahlungsplan. Wie der prozentuale Vergleich zu den Dosiswerten des Film- bzw. Planzentrums ausfällt, verdeutlicht die anschließende Graphik.

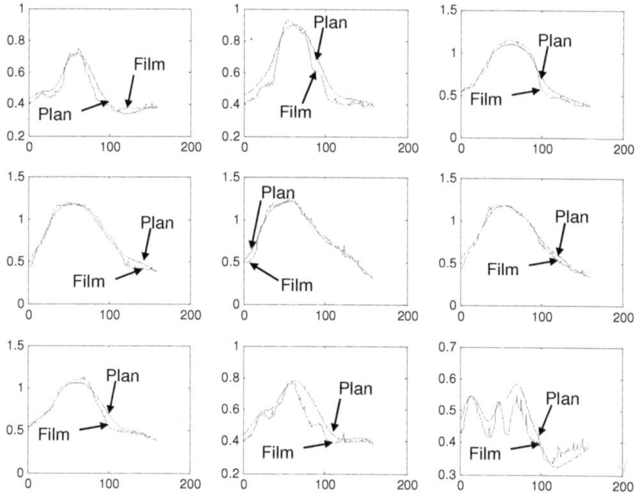

Abbildung 75: senkrechte normierte Profile

Das letzte Diagramm der obigen Abbildung zeigt extreme Dosisunterschiede zwischen Plan und Film. Bei einer Betrachtung der Profilposition (Startpunkt (140, 1)) ist auch die Ursache dieser Abweichung zu erklären. Dieses Profil befindet sich exakt in den Dosisgradienten, die durch eine ungenaue Berechnung des Plans generell voneinander abweichen. Demnach ist auch dieses Profil akzeptabel.

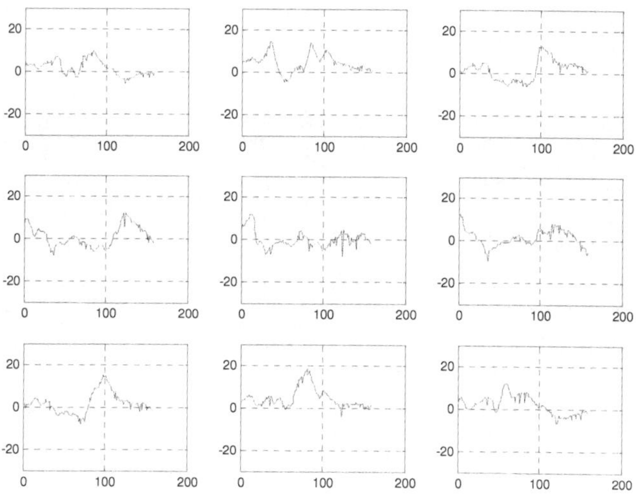

Abbildung 76: prozentuale Differenzprofile

In dieser Darstellung erweisen sich die Abweichungen der Dosisprofile in den relevanten Bereichen als nicht gravierend. Erneut wird die immense Abweichung von bis zu 17 % in den Gradienten deutlich, die jedoch hauptsächlich auf die ungenaue Berechnung der Planungsmatrix zurückzuführen ist.

Als nächster Schritt erfolgt die Differenzberechnung der Dosismatrizen und es resultiert daraus:

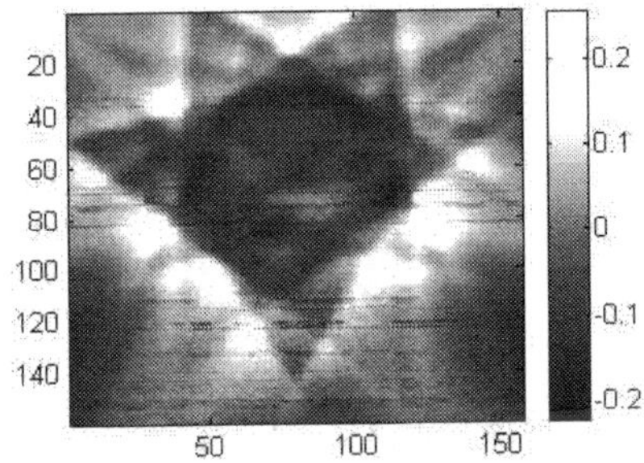

Abbildung 77: Dosisdifferenz (Plan - Film)

An der Dosisdifferenz fällt direkt die höhere Bestrahlung am Rand des Zielvolumens auf. Befindet sich diese Überdosierung noch im Zielvolumen oder wird sie durch unterschiedliche Dosisgradienten hervorgerufen, ist sie vertretbar. Insbesondere muss die höhere Dosis im Bereich des Risikoorgans beachtet und die Ursache ermittelt werden.

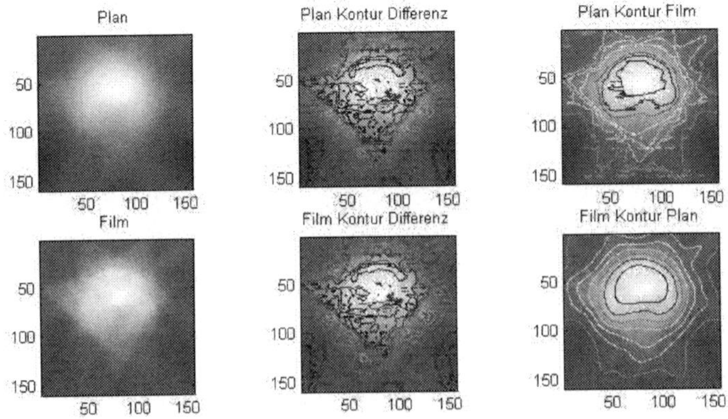

Abbildung 78: Differenz Konturdarstellung

Betrachtet man die rechten Darstellungen, wird die Ursache der Abweichung am linken Rand des Zielvolumens deutlich. Wiederum sind verschieden Dosisgradienten am Rand des Zielvolumens für diese Abweichung verantwortlich.

Inwiefern die Abweichung im Bereich des Risikoorgans zu akzeptieren ist, wird durch die Ausführung der Abweichung deutlich.

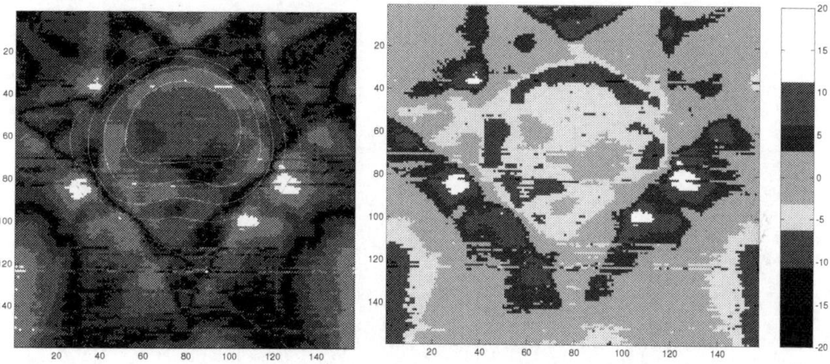

Abbildung 79: prozentuale Abweichung ohne und mit Kontur der geplanten Dosisverteilung

Ob die höhere Dosis (< 10 %) unterhalb des Zielvolumens im Risikoorgan liegt, kann anhand dieser Daten nicht entschieden werden. Aus diesem Grund wird die oben aufgezeigte Abweichung mit der Darstellung der Behandlungsvolumina im Patienten verglichen. Die folgende Abbildung zeigt die Planung am Patienten und die dazugehörigen Behandlungsvolumina.

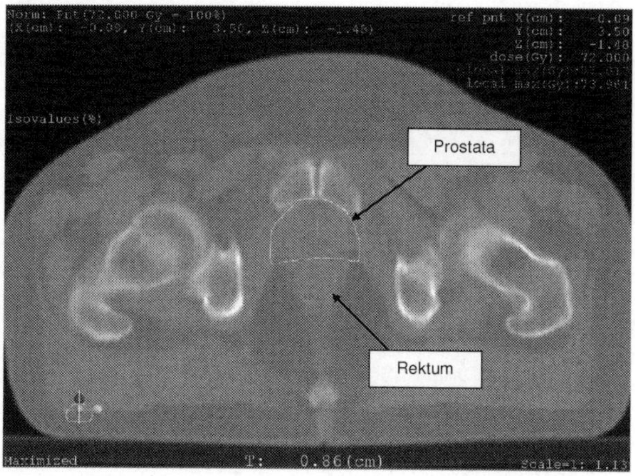

Abbildung 80: Risikoorgan (Rektum) und Zielvolumen (Prostata) im Patienten

Um einen Vergleich zwischen Plan und Film ziehen zu können, wird ein Ausschnitt der Isodosenverteilung des Plans mit der Darstellung der Abweichung mit und ohne Kontur gegenübergestellt.

Beim Vergleich der Abbildungen bzw. deren Plankonturen fällt eine leicht unterschiedliche Konturdarstellung auf. Dies ist unter anderem dadurch begründet, dass die am Patienten geplante Bestrahlung anschließend noch auf das Phantom exportiert wurde und sich hierdurch geringfügige Veränderungen der Dosisverteilung ergeben.

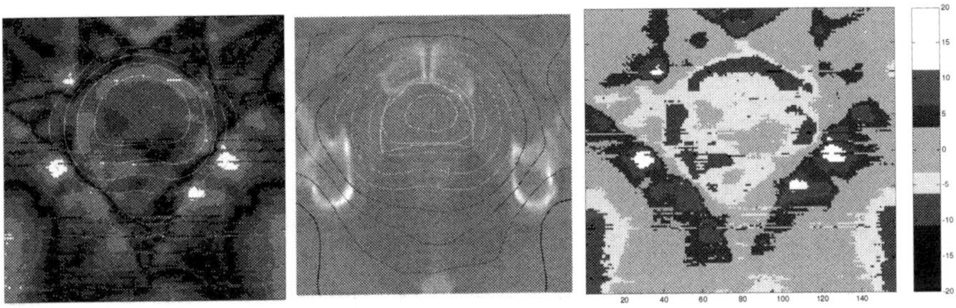

Abbildung 81: Vergleich der Behandlungsvolumina und der Abweichung

Selbst in dieser Ansicht ist es schwer eine Entscheidung bezüglich der Dosis im Rektum zu treffen. Innerhalb des Rektums ist zwar eine Abweichung von lediglich 3 %, jedoch an der Rektumwand eine Abweichung von bis zu -10 % zu erkennen. Bei der Einschätzung über die Durchführbarkeit eines Plans sollte bezüglich des Rektums unbedingt berücksichtigt werden, dass es sich hierbei um ein Hohlorgan handelt, bei dem besonders eine hohe Dosis an der Organwand Schäden verursacht.

Vermutlich stammen die Abweichungen erneut aus unterschiedlich starken Gradienten zwischen Plan und Film. Diese Vermutung wird durch die obigen Konturdarstellungen unterstrichen. Trotzdem sollten die Abweichungen in der Nähe des Risikoorgans genauer betrachtet werden. Hierfür werden senkrechte normierte Profile (ab Spalte 40) verwendet, deren Abstand 5 Pixel beträgt.

Im Folgenden sind die betreffenden Profile und anschließend deren Differenzen dargestellt. Das erste Diagramm zeigt das senkrechte Profil mit dem Startpunkt (40, 1), rechts davon befindet sich ein entsprechendes Profil ab den Koordinaten (45,1).

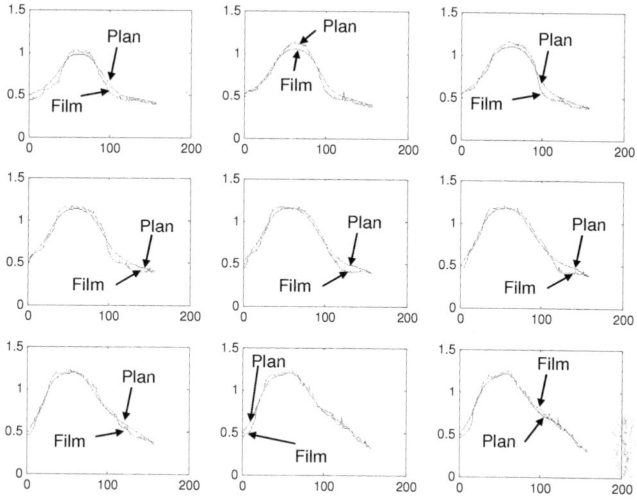

Abbildung 82: senkrechte Profile ab Spalte 40, Abstand 5 Pixel

Wie aus den oberen Darstellungen zu entnehmen ist, liegt das interessante Areal im Bereich zwischen den y - Koordinaten 80 und 100, die in den Profilen auf der x – Achse aufgezeigt sind. In diesem Bereich sind in den Profilen inakzeptablen Abweichungen zu erkennen, wie ebenfalls die Differenzen verdeutlichen.

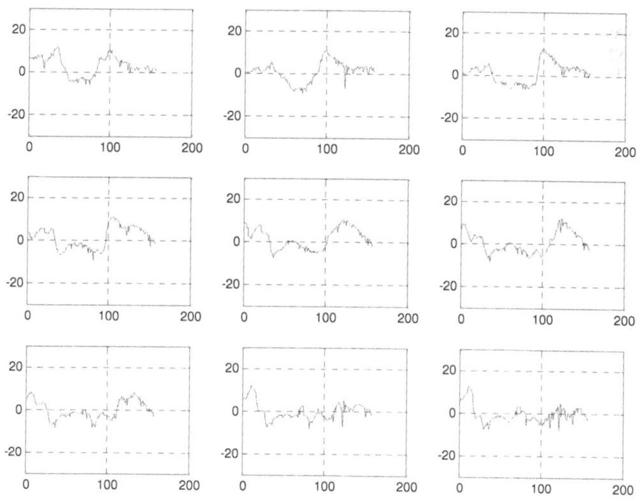

Abbildung 83: Differenz der Profile

8.2.3. Transversale Ebene Kopfende

Diese Transversalebene befindet sich in ca. 2,5 cm Abstand kopfwärts vom Isozentrum. Eine Dosismessung im zentralen Messpunkt der Schicht ergab einen Wert von 1,699 Gy bei geplanten 1,73 Gy.

Der NMI weicht von den ermittelten Richtwerten extrem ab. Wie bereits in den bisher dargestellten Ebenen sind auch in dieser Schicht deutliche Abweichungen zu erwarten.

Die Dosiskalibrierung ergibt:

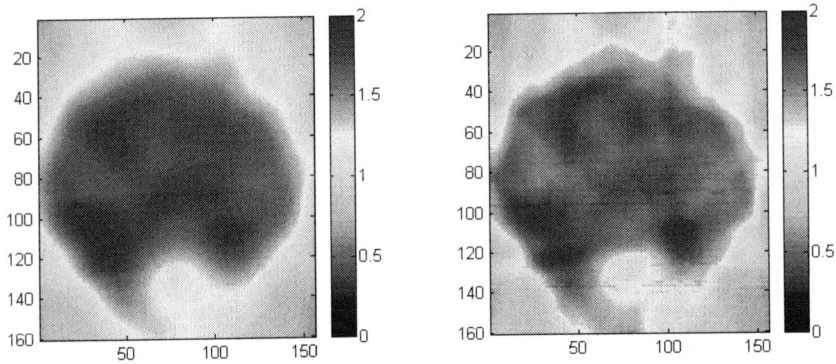

Abbildung 84: Dosisverteilung von Plan und Film (Ebene Richtung Kopfende)

In dieser Darstellung sind auf dem Film innerhalb des Zielvolumens geringe Dosisschwankungen zu erkennen, die nicht in dieser Form in der Planungsmatrix auftreten.

Die Berechnung des NMI nach der Registrierung und Dosiskalibrierung ergibt:

NMI = 0,2235

Dies ist der bisher geringste Wert, der durch Messungen am Phantom erzielt wurde. Ob diese Ebene eine Bestrahlung des Plans verhindern würde, zeigen die übrigen Qualitätsmerkmale.

Die Profildarstellung ergibt:

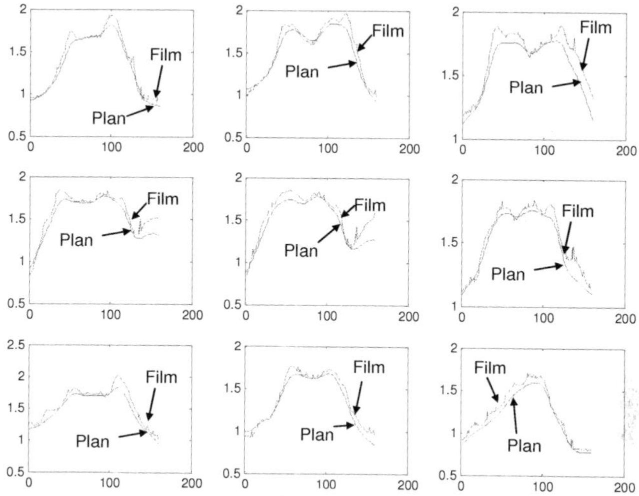

Abbildung 85: senkrechte Dosisprofile

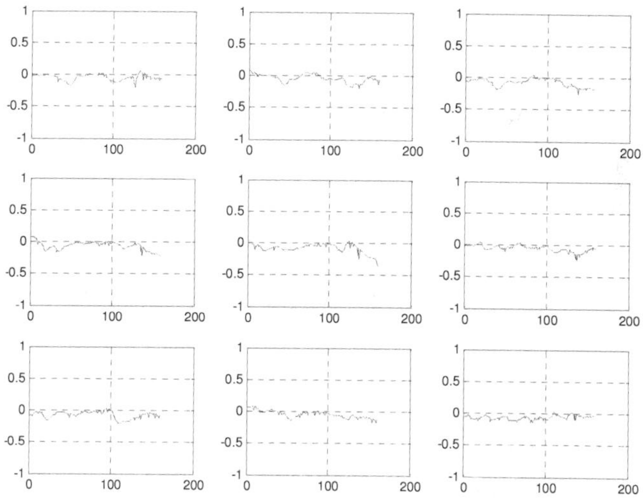

Abbildung 86: Profildifferenzen (senkrecht)

In dieser Ebene liegen deutlich mehr und größere Differenzen zwischen Plan und Film vor. Dies trifft nicht nur auf die Dosisgradienten, sondern zusätzlich auf die Dosis im Zielvolumen, zu.

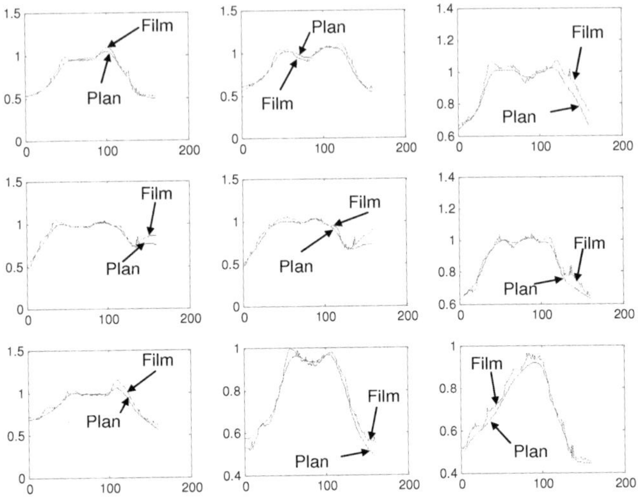

Abbildung 87: normierte Profile (senkrecht)

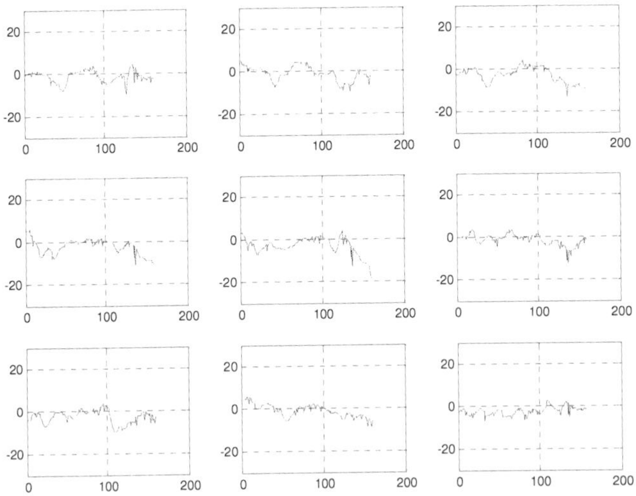

Abbildung 88: Differenzen der normierten Profile (senkrecht)

Die normierten Profile zeigen deutlich bessere Ergebnisse als die bisherigen Kriterien. Die berechneten Profile offenbaren am Rand des Zielvolumens und in Gradienten eine um ca. 10 % höhere Film Dosis, wobei die 10 % auf die Dosis im Referenzpunkt bezogen sind. In den Profilen des Plans sind jedoch Ansätze der Dosiserhöhung zu erkennen, doch bevor das Profil die eigentlichen Werte annimmt, fällt die Dosis wiederum ab. Da dieser Fehler in jedem Profil zu sehen ist, wird von einem systematischen Fehler ausgegangen, der durch die ungenaue Dosisberechnung des Plans verursacht wird. Dieser Fehler kann somit von der Beurteilung ausgeschlossen werden.

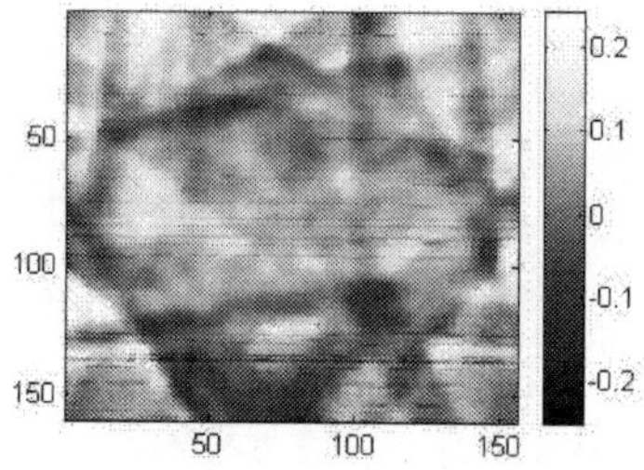

Abbildung 89:Differenz (Plan - Film)

Beide Differenzdarstellungen betonen die Aussage der Profile, dass die Abweichungen innerhalb des Risikoorgans annehmbar sind. Jedoch treten auch hier erhöhte Dosiswerte im Bereich des Risikoorgans auf. Die rechten Konturdarstellungen der nächsten Abbildung belegen die Vermutung, dass die erhöhten Dosiswerte ebenfalls auf unterschiedliche Dosisgradienten zurückzuführen ist.

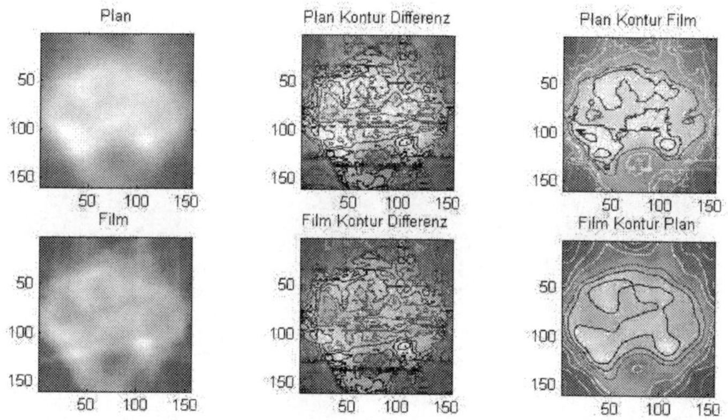

Abbildung 90: Differenz Kontur

Der letzte Schritt der Qualitätssicherung ist die Darstellung der Abweichung vom Referenzwert. Daraus resultiert die nachstehende Matrix.

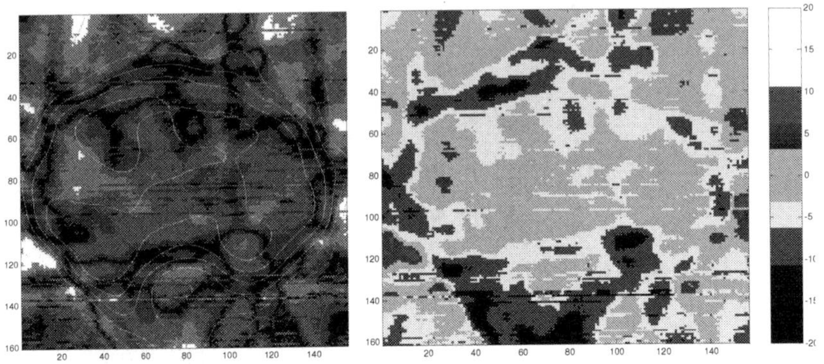

Abbildung 91: Abweichung von der Dosis eines Gesamtzyklus

Im Zielvolumen herrscht überwiegend die geplante Dosis mit einer 3 % - Abweichung. An den Dosisübergängen kommt es wiederholt zu höheren Abweichungen aufgrund der ungleichen Gradienten zwischen Plan und Film. Die Überdosierung im Bereich des Risikoorgans sollte allerdings näher betrachtet werden. Eine höhere Dosis in diesem Bereich von bis zu 10 % kann bereits zu Funktionsstörungen des Rektums führen. Ob diese Abweichung tatsächlich im Organ liegt oder eventuell durch unterschiedliche Dosisgradienten hervorgerufen wird, wie es anhand der Plankontur den Anschein hat, sollte unter Zuhilfenahme der Planungsdaten überprüft werden.

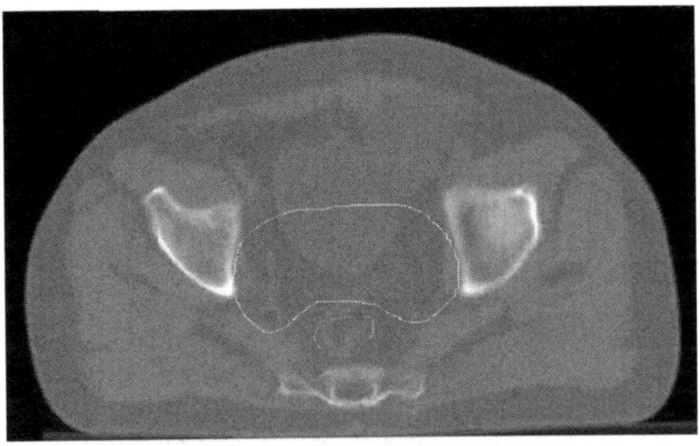

Abbildung 92: Behandlungsvolumina des Patienten

Das Zielvolumen (Prostata) und das Risikoorgan (Rektum) sind erneut markiert.

Um überhaupt die Abweichungsmatrix mit den Patientendaten vergleichen zu können, wird ein Ausschnitt der Isodosenverteilung am Patienten gewählt und mit der Konturdarstellung der Abweichung verglichen.

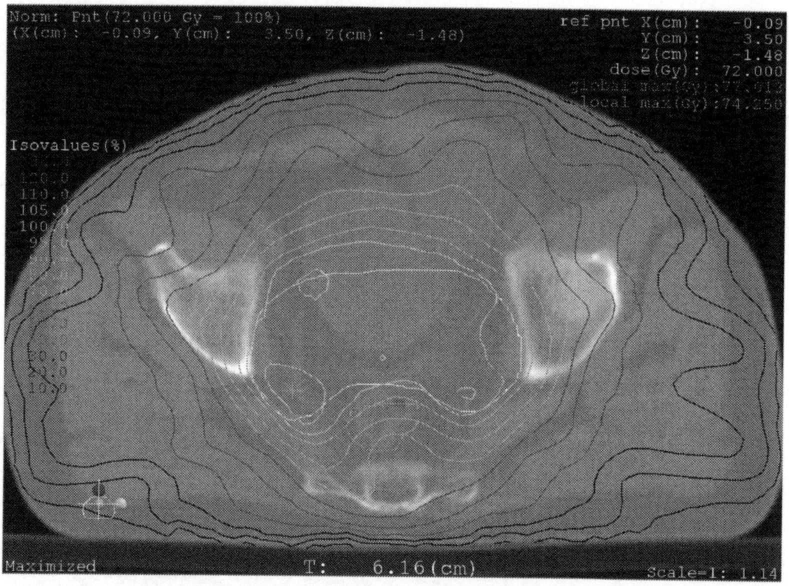

Abbildung 93: Isodosenverteilung des Plans am Patienten

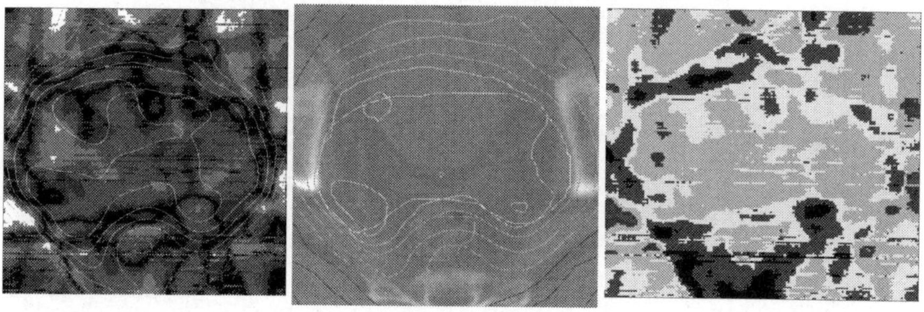

Abbildung 94: Vergleich Abweichungen mit den Behandlungsvolumina des Plans

In dieser Darstellung ist deutlich zu erkennen, dass die höheren Abweichungen von ca. -10% nicht im Risikoorgan bzw. an der Rektumwand aufzufinden sind, sondern sich zwischen den definierten Behandlungsvolumina befinden. Darüber hinaus belegt diese Darstellung, dass diese hohen Dosisabweichungen ebenfalls durch unterschiedliche Dosisgradienten der Plan- und Filmdaten verursacht wird.

8.2.4. Interpretation der Messung

Anhand der vorliegenden Ergebnisse wäre dieser Plan am Patienten anwendbar. Es bestehen zwar zum Teil hohe Abweichungen, die sich jedoch im Zielvolumen oder in Dosisgradienten befinden und somit von der Beurteilung ausgeschlossen werden.

In den Schichten außerhalb des Isozentrums treten laut der oberen Ergebnisse deutlich mehr Differenzen zwischen Planungs- und Filmdaten auf. Dies ist vermutlich auf eine leichte Verschiebung der Messorte zurückzuführen, die bei gleichzeitiger Belichtung aller Filme durch den mittigen Film verursacht wird. Bereits diese geringfügige Änderung kann in diesem expliziten Anwendungsfall enorme Abweichungen hervorrufen, da sich das Zielvolumen und damit die resultierende Dosisverteilung sagittal deutlich ändert, wie das nachstehende Bild belegt.

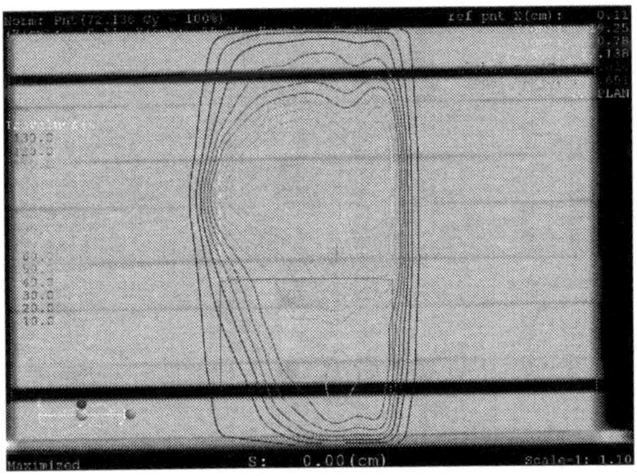

Abbildung 95: sagittale Ansicht der Dosisverteilung im Phantom (Isozentrum)

9. Diskussion und Ausblick

Ziel dieser Arbeit war es, ein Qualitätssicherungssystem für die intensitätsmodulierte Radiotherapie zu entwickeln und sie gegebenenfalls einzuführen. Diesbezüglich wurde ein Prostataphantom konstruiert, um die Bestrahlung möglichst realitätsnah zu gestalten. Ein Teil der Arbeit bestand in der Entwicklung einer Software, die es ermöglicht, Plan und Film zu registrieren, die Dosisverteilung zu berechnen und anschließend Qualitätsmerkmale bezüglich der Ähnlichkeit beider Daten zu bestimmen. Die berechneten Qualitätskriterien werden stets durch den Benutzer bewertet, d.h. die Software stellt keine Gesamtauswertung zur Verfügung, die einen Plan als durchführbar oder ungeeignet einstuft. Je nach Lage und Höhe der Abweichungen muss von Plan zu Plan über dessen Durchführbarkeit entschieden werden.

Für die Messungen wurde ein Plan für einen idealen Prostatapatienten und des Weiteren für einen realen Patienten erstellt. Der Unterschied beider Pläne lag in der Form der Zielvolumina. Messungen am idealen Patienten, d.h. es lagen symmetrische und regelmäßige Behandlungsvolumina vor, ergaben gute Ergebnisse, während die Messungen am realen Patienten höhere Abweichungen aufzeigten. Diese Abweichungen sind aber aufgrund ihrer Lage und Ursache durchaus als akzeptabel einzustufen. Die abgeschlossenen Messungen unterstreichen die Anwendbarkeit des Qualitätssicherungssystems.

Trotz der erfolgreichen Messergebnisse müssen die Gründe der Abweichungen berücksichtigt werden. Viele Abweichungen wurden durch unterschiedliche Dosisgradienten hervorgerufen, die aus einer ungenauen Berechnung der Planungsmatrix resultiert.

Im Folgenden sind einige der übrigen Fehlerquellen aufgelistet:

- gebrochene MUs der Planung werden zur Bestrahlung gerundet
- „Abschneiden" der Profilränder im Planungssystem (Summe der Dosiswerte ist fehlerbehaftet)
- kleinflächige Segmente bzw. Teilsegmente (< 2 cm) sorgen für große Streuung
- zu geringe MU pro Segment führt zu Abweichungen bis 10 %

Eben diese Fehlerquellen sind besonders bei der Planung zu berücksichtigen und möglichst zu umgehen.
Zusätzlich muss bei der Planung beachtet werden, dass sich Zielvolumen und Risikoorgan in keinster Weise überschneiden oder direkt aneinander grenzen dürfen, da dies zu fehlerhaften Berechnungen der Segmentierung und damit auch der Dosisberechnung führen kann.
Ferner darf nicht in Vergessenheit geraten, dass in den durchgeführten Messungen nur ein Risikoorgan berücksichtigt wurde. Das Einzeichnen eines weiteren Risikoorgans, wie beispielsweise der Blase, würde unter Umständen zusätzliche Fehler bei der Berechnung des Plans nach sich ziehen.
Ein weiterer interessanter Punkt ist das Auslesen der Behandlungsvolumina, d.h. Risikoorgane und Zielvolumen, aus der Planungssoftware und die Einarbeitung der Konturen in die Qualitätssicherungssoftware. Damit könnte beispielsweise die Position von Abweichungen klar definiert und eingestuft werden.
Mit Abschluss dieser Arbeit ist der Grundstein für die IMRT - Einführung gelegt, es müssen jedoch weitere Fehlerursachen bei der Planung und Bestrahlung gefunden und wenn möglich deren Einfluss minimiert werden.

Literaturverzeichnis

[1] „Grundlagen der Strahlungsphysik und des Strahlenschutzes“, Hanno Krieger, Teubner Verlag, 2004, 1. Auflage

[2] www.onmeda.de

[3] www.med.uni-marburg.de

[4] www.meduniwien.ac.at

[5] „Kernenergie - Radioaktivität und Strahlenschutz“, Martin Volkmer, Hamburgische Electicitäts-Werke Aktiengesellschaft, Informationsverband Kernenergie, 1998, 3. Auflage

[6] “Medizinische Physik 2, Medizinische Strahlenphysik”, W. Schlegel, J. Bille, Springer Verlag, 2002

[7] „Grundlagen der Strahlentherapie“, E. Richter, T. Feyerabend, Springer Verlag 2002, 2. Auflage

[8] ICRU Report 50: “Prescribing, Recording and Reporting Photon Beam Therapy”, International Commision on Radiation Units and Measurements, 1993

[9] DIN 6814-8. “Begriffe in der radiologischen Technik – Teil 8: Strahlentherapie“, Beuth Verlag, 2000

[10] „Medizinisch-technische Assistenz in der modernen Strahlentherapie“, B. Schäfer, P. Hödl, Springer Verlag, 1999

[11] www.prometheus.uni-tuebingen.de

[12] Flüssigionisationskammern in der Strahlentherapie“,
J. Engler, J. R. Hörandel, Institut für experimentelle Kernphysik, Universität Karlsruhe
G. Hartmann, R. Hofmann, Deutsches Krebsforschungszentrum, Heidelberg, Nachrichten, Forschungszentrum Karlsruhe, Jahrg. 33 2/2001

[13] „Medical Image Registration“, Joseph V. Hajnal, Derek L. G. Hill, David J. Hawkes, The Biomedical Engineering Series, Series Editor Michael R. Neumann, CRC Press LLC, 2001

[14] Handbook of Medical Imaging, Vol. 2 Medical Image Processing and Analysis“, Milan Sonka, J. Michael Fitzpatrick

Printed in Germany
by Amazon Distribution
GmbH, Leipzig

24288085R00054